AF638856

DROEMER

Prof. Dr. Christian Hesse

VON ZAHLEN, MENSCHEN UND MASCHINEN

Die Geheimnisse der Mathematik von Pythagoras bis zum Quantencomputer

DROEMER

Gewidmet dem 23. Februar 1988,
der als 10 067. und Primzahl-Tag meines Lebens
allem eine wunderbare Wendung gab.

Besuchen Sie uns im Internet:
www.droemer-knaur.de

MIX
Papier | Fördert gute Waldnutzung
FSC® C083411

Originalausgabe August 2024
© 2024 Droemer Verlag
Ein Imprint der Verlagsgruppe
Droemer Knaur GmbH & Co. KG, München
Alle Rechte vorbehalten. Das Werk darf – auch teilweise – nur mit
Genehmigung des Verlags wiedergegeben werden.
Die Nutzung unserer Werke für Text- und Data-Mining
im Sinne von § 44 b UrhG behalten wir uns explizit vor.
Covergestaltung: Thierry Wijnberg | total italic
Coverabbildung: Shutterstock.com
Abbildungen im Innenteil: siehe Bildnachweis auf Seite 224
Satz und Layout: Adobe InDesign im Verlag
Druck und Bindung: CPI books GmbH, Leck
ISBN 978-3-426-44759-8

2 4 5 3

Inhaltsverzeichnis

Kick-off, nicht ganz unpersönlich

Der Urknall dieses Buches ereignete sich während eines Besuches bei Ashleigh Brilliant, einem langjährigen Bekannten und väterlichen Freund. Ich bewundere ihn wegen seiner Lebensleistung, zu der gut zehntausend selbst gefertigte Aphorismen gehören. Das sind mehr, als alle Aphoristiker seit Euripides gemeinsam in die Waagschale werfen können. Nach wie vor ist er der einzige Vollzeit-Aphoristiker der Weltgeschichte, der allein mit geistreichen Einzeilern über Jahrzehnte hinweg seinen Lebensunterhalt bestritten hat.

Bei einem Treffen im Spätsommer 2023 fragte er nach meinen Plänen für die Zukunft, und ich sagte, dass ich daran dächte, ein Buch zu schreiben.

Ich erzählte grob von einigen Ideen. Und er ermunterte mich, unbedingt auch über die moderne Welt der Algorithmen zu schreiben.

Als ich vom angedachten Titel berichtete, fragte er, ob wir spontan als Start-up für das Buch einen gemeinsamen Aphorismus basteln sollten, wie wir das schon für frühere Projekte getan hatten.

Diese mir sehr lieb gewordenen Brainstorming-Sitzungen beginnen damit, dass Ashleigh Brilliant ein unbeschriebenes Blatt Papier auf seinen alten Schreibtisch legt, wir uns gegenübersetzen und still unseren Gedanken freien Lauf lassen.

Er weiß, dass ich weiß, dass er den Lustgewinn eines Lebens in zu großer Nähe zur Mathematik für spärlich hält. Und ich weiß, dass er weiß, dass ich beruflich nichts intensiver betrieben habe, als eine immer größere Nähe zur Mathematik herbeizuführen. Mit unermesslich vielen Aha-Momenten als Resultat dieser Denkfreude.

Nach einer kurzen halben Stunde war das Blatt Papier nicht mehr unbeschrieben, und das gedankliche Vorzeigestückchen sah in der Handschrift des Aphorismen-Gurus so aus:

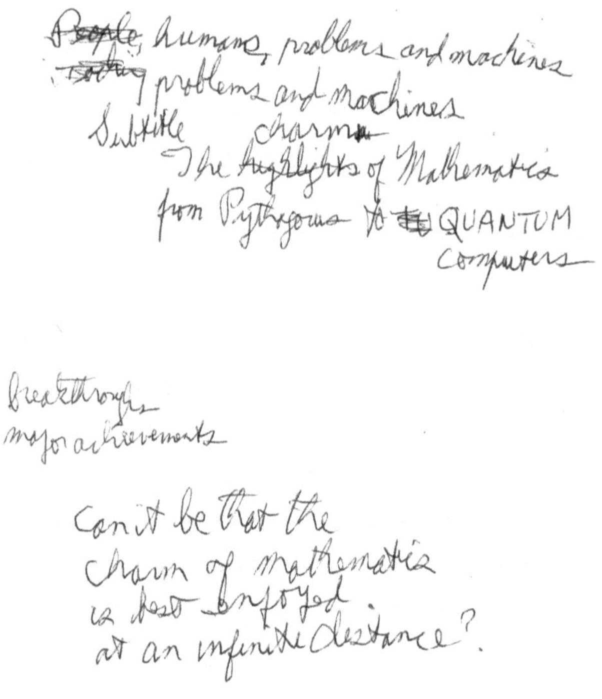

***Abb. 1:** Aphorismus zu diesem Buch von Ashleigh Brilliant und dem Autor*

Auf dem Zettel stand unten als Ergebnis unseres Nachdenkens: Can it be that the charm of mathematics is best enjoyed at an infinite distance – Kann es sein, dass man sich des Charmes der Mathematik am besten in unendlichem Abstand von ihr erfreut?

Es ist eine Frage, die Ashleigh Brilliant bejaht und ich verneine. Selbst nach Jahrzehnten intensiver Beschäftigung mit Mathematik ist diese extremste aller Wissenschaften für mich immer noch eines: ein Naherholungsgebiet inmitten der Irrationalitäten und Verrücktheiten des Lebens, eine alte Alltagsfreudenquelle mit täglich neuen Erlebnissen zum Mitgrooven. Ich bin nicht sicher, ob es ein Runner's High gibt, doch ein Thinker's High gibt es in jedem Fall.

Und zwar in unterschiedlichen Formen: Über die Jahre haben sich die Schwerpunkte meiner mathematischen Arbeit und die Kontaktflächen, die ich der Mathematik bot, verändert.

Während ich mich am Anfang meiner akademischen Laufbahn in der Umgebung von Mathematikern und Mathematikerinnen meist wohler fühlte als in anderen kulturellen Biotopen, sind es nun eher Menschen aus vielen anderen Bereichen, die ich als umgänglicher, unterhaltsamer, ja: inspirierender erlebe.

Während mein Interesse früher eher der Forschung galt, ist es mir heute ein größeres Anliegen, die Schönheiten, Nützlichkeiten und Faszinationen meiner Arbeit den Menschen näherzubringen, die der Mathematik weniger verbunden sind. Auch bei diesem Buch, so hoffe ich, wird das deutlich.

Geschrieben wurde es für alle Freunde und Gegner der Mathematik. Gerade auch jene möchte ich ansprechen, die mit ihrer mathematischen Unfähigkeit kokettieren. Geben Sie mir eine Chance. Denn ich scheue keine menschenmöglichen Mühen und ziehe alle mathematikermöglichen Register, um aus Gegnern Skeptiker, aus Skeptikern Sympathisanten und aus Sympathisanten Enthusiasten zu machen.

Die Spannweite der Themen reicht vom Finger-Abakus des Berliner Milchmädchens Anna Schnasing bis zur Erläuterung der Vorgehensweise von Quantencomputern bei ihren atemraubenden Berechnungen.

Zwischenzeitlich mache ich Station bei neuronalen Netzen, deren Lernfähigkeiten erklärt werden, und bei Ameisenko-

lonien, deren schwarm-intelligente Strategien zum Vorbild für komplexe, moderne Algorithmen wurden.
Ich gehe zurück in die Vergangenheit und würdige Ada Lovelace als Mutter aller Informatiker und Al-Chwarizmi als Vater aller Algorithmen.
Zwischendurch nehme ich mir Zeit für entspannte Denkpausen, animierende Knobelaufgaben und eine Prise Humor.
Zahlen und ihre betörenden Eigenschaften gibt es auch zu bestaunen, zum Beispiel die scheinbar harmlos daherkommende Zahl 6174. Hätten Sie gedacht, dass sie sich als mächtiges schwarzes Loch im Zahlenkosmos entpuppt?
Vielleicht interessieren Sie sich aber auch für einige bisher wenig bekannten und trotzdem faszinierenden Eigenschaften der Kreiszahl Pi oder möchten wissen, wie die Quadratur des Kreises mit der Hilfe von Pythagoras gelingt.
Damit knistert die Luft nun förmlich von großen Versprechungen, und ich bemühe mich sogleich nach besten Kräften, ihnen gerecht zu werden.
Starter, die Fahne bitte, und Countdown: π, e, $\sqrt{2}$, 1!, 0 Kickoff!

Ihr
Christian Hesse

Der Vater der Algorithmen

Unser deutsches Wort Algorithmus hat als Namensgeber den Mathematiker, Astronomen, Geografen und weit über diese Gebiete hinaus gelehrten persischen Wissenschaftler Muhammad ibn Musa Al-Chwarizmi, der von 780 bis etwa 850 n. Chr. in Choresmien (südlich das Aralsees im heutigen Grenzgebiet von Turkmenistan und Usbekistan) lebte. Sein Name ist nicht nur der Ursprung unseres Wortes Algorithmus, sondern ging auch ins Spanische, Italienische und Portugiesische ein als *algoritmo,* was gleichbedeutend mit dem Wort »Ziffer« ist.

Was aber ist ein Algorithmus?

Ein Algorithmus ist eine Reihe von Schritt-für-Schritt-Handlungsanweisungen zur Lösung eines Problems oder zur Erreichung eines Ziels.

Ein Alltagsbeispiel: Auch ein Cocktailrezept ist ein Algorithmus! Wie beispielsweise dieses hier:

Algorithmus für einen Ipanema, den coolsten nicht alkoholischen Drink. Und gleichzeitig die erste Biobeimischung in diesem Buch:

Schritt 1

Man achtele eine Limette und entferne dabei den weißen Strunk in der Mitte.

Schritt 2

Man nehme die Limettenachtel und gebe sie zusammen mit einem Barlöffel voll feinem weißen Rohrzucker in ein Glas und drücke sie sanft mit einem Stößel, damit der Saft austritt.

Schritt 3

Man gebe einen Teelöffel Maracujamark sowie eine Handvoll crushed Ice dazu und schüttele die Mischung etwa 10 Sekunden lang.

Schritt 4

Man gieße die geschüttelte Mischung, ohne sie durch ein Sieb zu geben, in ein Glas.

Schritt 5

Man fülle das Glas mit Ginger Ale und garniere den Cocktail mit einem Zweig Minze.

Zum Wohl! Oder wie man im Herkunftsland des Drinks sagen würde: A saúde!

Man kann die Bedeutung des islamischen Wissenschaftlers Al-Chwarizmi kaum überschätzen. Im 12. Jahrhundert initiierte die lateinische Übersetzung seines Buches über die neue indische Arithmetik als *Algorithmo de Numero Indorum* unser heutiges Zahlensystem auf der Basis der indoarabischen Ziffern.

Al-Chwarizmi gilt auch als Vater der Algebra. Das Wort stammt vom arabischen Wort *aljabr,* das im Titel eines seiner Bücher auftaucht. Es bedeutet so viel wie *balancieren* und bezieht sich inhaltlich auf die Addition derselben Zahl zu zwei Seiten einer Gleichung, um Ausdrücke zu vereinfachen. Es tritt auch bei seinem Algorithmus mit dem Titel »Vervollständigung des Quadrats« auf, mit dem er quadratische Gleichungen löste.

Ein Beispiel für eine quadratische Gleichung ist:

$$x^2 + 8x = 33$$

Gesucht sind alle Zahlenwerte für x, die diese Gleichung erfüllen.
Al-Chwarizmi löste diese Gleichung mithilfe eines geometrischen Ansatzes, bei dem die Begriffsbildung der Vervollständigung des Quadrats besonders deutlich wird:
Er beginnt mit einem Quadrat der Seitenlänge x und einem Rechteck mit den beiden Seitenlängen x und 8, bei dem die Seite mit Länge 8 durch einen Strich zweigeteilt ist. Die Summe der Flächeninhalte von Quadrat und Rechteck ist gleich 33. Das ist der oberste Teil von Abbildung 2:

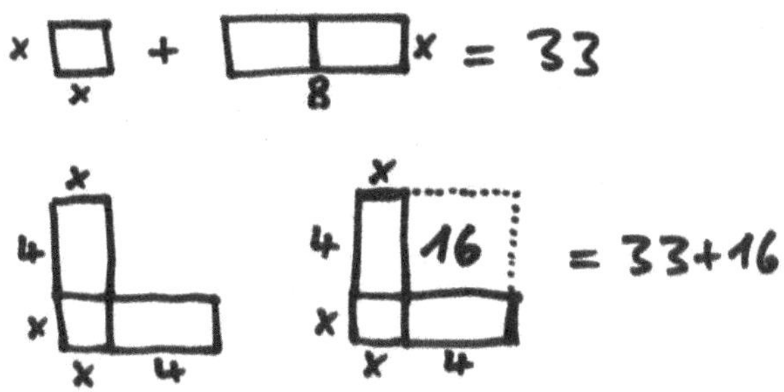

Abb. 2: Geometrische Lösung für eine quadratische Gleichung

Im unteren linken Teil von Abbildung 2 werden die beiden Rechteck-Hälften und das Quadrat zu einem Winkel zusammengesetzt, dessen Flächeninhalt immer noch 33 Flächeneinheiten beträgt. Nun wird der Winkel um ein kleines Quadrat mit Flächeninhalt $4^2 = 16$ Flächeneinheiten ergänzt, sodass ein großes Quadrat mit Flächeninhalt $33 + 16 = 49$ entsteht. Die Seitenlängen dieses Quadrats sind jeweils $x + 4$ und insofern kann der Flächeninhalt auch als $(x + 4)^2$ ausgedrückt werden.
Nach beidseitigem Wurzelziehen entsteht auf der einen Seite der Term $x + 4$ und auf der anderen Seite die Zahl 7. Somit ist die Lösung $x = 3$. Eine zweite Lösung, nämlich $x = -11$,

ergibt sich, wenn man die rechte Seite der Gleichung zu –7 statt 7 vereinfacht, was quadriert ebenfalls 49 ergibt. Die obige quadratische Gleichung hat also die beiden Lösungen 3 und –11, was sich durch Einsetzen dieser Zahlen in die Gleichung leicht überprüfen lässt.

Die Mutter der Informatik

Sie war eine Frau. Geboren wurde sie vor 200 Jahren als Adelige. Angesichts der kulturellen Gegebenheiten jener Zeit gab es deshalb für sie nur eine Bestimmung: Kinder bekommen, und zwar möglichst viele. Doch sie widersetzte sich diesen Erwartungen. Und ging in die Geschichte ein.

Am 10. Dezember 1815 wurde in London Hon. Augusta Ada Byron geboren, heute besser bekannt unter dem Namen Ada Lovelace. In den Informatik-Fachkreisen dieser Welt ist sie eine Berühmtheit.

Zwar denken viele Menschen, wenn sie die Gilde der Informatiker betrachten, wohl zuerst an Männer wie Alan Turing, auf den der Turing-Test zurückgeht, oder an Konrad Zuse, der den ersten funktionsfähigen Computer erfand. Doch die erste Programmiererin (m/w/d) der Weltgeschichte war Ada Lovelace.

Denn sie war der erste Mensch, der für eine nur im Entwurf vorliegende und nie gebaute Rechenmaschine das erste Programm entwickelte. Das ist mehr als genug, um unsterblich zu werden.

Dabei waren die Anfänge gar nicht einmal so vielversprechend. Ada Lovelace war die Tochter von Anne Isabella Noel-Byron, 11. Baroness Wentworth, und dem schon damals berühmten englischen Dichter Lord Byron, der die Familie verließ, noch bevor Ada ein Jahr alt war.

Wenig angetan von der schwärmerischen und romantischen Denk- und Wesensart ihres Ex-Ehemanns, sorgte Adas Mutter gegen alle Konventionen für eine streng mathematisch-naturwissenschaftliche Ausbildung ihrer Tochter.

Die erhielt sie durch Privatunterricht. Einer ihrer Lehrer war der bekannte Logiker Augustus De Morgan, Professor an der Universität London.

Schon früh schätzte der namhafte Wissenschaftler Adas mathematisches Talent so hoch ein, dass er sie für fähig hielt, eigenständig mathematische Forschungen durchzuführen.

Wie damals üblich, heiratete Ada schon recht früh. Mit neunzehn wurde sie die Frau von William King, der drei Jahre später zum Earl of Lovelace ernannt wurde. So wurde aus Ada King über Nacht Lady Lovelace. Ihr Mann unterstützte die Begeisterung seiner Frau für mathematische Themen außerordentlich. So trat er der Gelehrtengesellschaft der Royal Society nur aus einem einzigen Grunde bei: um für seine talentierte Ehefrau wissenschaftliche Arbeiten in der dortigen Bibliothek abzuschreiben. Denn Frauen war es zu jener Zeit nicht nur verwehrt, an einer Universität zu studieren, sondern sogar, eine Bibliothek zu besuchen.

Ein wichtiger Schlüsselmoment in Adas Leben war es, als sie mit 17 Jahren dem Mathematiker und Ingenieur Charles Babbage begegnete, mit dem sich ein jahrelanger reger Briefwechsel über hochgeistige Themen entwickelte. Babbage arbeitete damals schon an seiner sogenannten Difference Machine, einer Rechenmaschine, die für die Durchführung von Additionen vorgesehen war.

Noch vor ihrer Fertigstellung begann Babbage, assistiert von Ada Lovelace, mit der Planung der noch mächtigeren Analytical Engine, die für alle vier Grundrechenarten ausgelegt war. Im Entwurf bestand sie aus rund 50 000 Einzelteilen, hatte weit gewaltigere Ausmaße als ein großes Zimmer und sollte mit einer Dampfmaschine angetrieben werden.

Als Babbage 1842 in Italien einen Vortrag über die Maschine hielt, verfasste einer der Zuhörer eine Beschreibung ihrer Funktionsweise. Ada Lovelace übersetzte 1843 dieses Manu-

skript ins Englische und bereicherte es um eigene Gedanken, die sie in mehreren detaillierten Notizen festhielt.
In ihrer legendären Notiz G entwickelte Ada Lovelace ein Programm, mit dem die bisher nur konzipierte, aber noch nicht funktionsreife Rechenmaschine eine komplizierte Folge von Zahlen, die sogenannten Bernoulli-Zahlen, schrittweise würde berechnen können. Das Programm kündigte sie in einem Brief an, den sie im Juli 1843 an Babbage schrieb: »Ich arbeite sehr hart für Sie, in der Tat wie der Teufel (der ich vielleicht bin) … Ich möchte in einer meiner Notizen etwas schreiben über Bernoullis Zahlen. Dies als Beispiel, wie eine rekursiv definierte Funktion durch die Maschine berechnet werden kann, ohne zuvor schon von menschlichen Köpfen und Händen ausgearbeitet worden zu sein …«
Die daraus später entstehende wissenschaftliche Arbeit veröffentlichte Ada Lovelace in *The Ladies Diary or Woman's Almanack,* einer 1704 gegründeten Frauenzeitschrift.
Das Besondere an dieser Zeitschrift war, dass sie sich neben Beiträgen, die sich mit dem Königshaus, Kosmetiktipps und medizinischen Ratschlägen befassten, intensiv auch mit mathematisch-naturwissenschaftlichen Themen und Problemstellungen beschäftigte. Diese Artikel wurden von der Leserschaft begeistert aufgenommen, obwohl sie teilweise nur mit Mühe zu verstehen waren.
Ein Beispiel ist das folgende Problem XXI aus der Ausgabe von 1711, das als neunzehnzeiliges Gedicht ausformuliert ist:

> Ein Mann begegnet einer Schafherde, die von mehreren Schäferinnen gehütet wird, und fragt, wie viele Schafe es denn sind. Eine der Schäferinnen antwortet ihm: »Wenn wir die Herde zu gleichen Teilen unter uns Schäferinnen aufteilen, dann bekommt jede von uns doppelt so viele Schafe, wie wir insgesamt Schäferinnen

> sind. Und ferner: Wenn Sie für eine von uns Schäferinnen 1 Schaf zählen, für eine andere 2 Schafe, für die dritte 4 Schafe, für die vierte 8 Schafe und so jeweils verdoppeln, dann erhalten Sie bei der letzten Schäferin eine Zahl, die genau gleich der Anzahl von Schafen in der Herde ist.« Wie groß war die Herde? *(Die Lösung verrate ich am Ende dieses Kapitels.)*

Ada Lovelace kann also zu Recht als die Urmutter der Informatik angesehen werden. Soweit die Erinnerung. Damit verbunden liegt mir etwas Wichtiges und Dringendes am Herzen: Heutzutage ist die Informatik bei uns in Deutschland stark von Männern dominiert. Der Frauenanteil unter Erstsemestern liegt bei nur rund 20 Prozent, ähnlich wie in vielen anderen hoch entwickelten Gesellschaften.

Viel höher ist der Frauenanteil in der Informatik dagegen in den arabischen Ländern, den industriell halb entwickelten Ländern Südamerikas und in vielen Entwicklungsländern, wo der Frauenanteil teilweise den der Männer übertrifft.

Auch in Deutschland war die Männerdominanz nicht immer so eklatant: Während des Zweiten Weltkriegs führten viele Frauen Programmier- und andere Computertätigkeiten aus und ersetzten so die zum Kriegsdienst eingezogenen Männer.

Im gesamten Bereich der MINT-Disziplinen, also Mathematik, Informatik, Naturwissenschaften und Technik, sind Frauen bei uns immer noch stark unterrepräsentiert. Das liegt zu einem wichtigen Teil an weitverbreiteten, unzutreffenden und wissenschaftlich widerlegten Klischees, nach denen Frauen angeblich weniger talentiert für diese »harten und einflussreichen« Disziplinen sind.

Auch werden im deutschsprachigen Raum Mädchen vielfach nicht ermutigt, naturwissenschaftlich-mathematische Berufe zu wählen, selbst wenn sie in jungen Jahren Talent dafür zeigen. Ferner schadet diesen Disziplinen ihr nerdiges Image. Das schreckt viele junge Frauen ab, weil sie befürchten, als »unweiblich« abgestempelt zu werden.

Diese gesellschaftlichen Vorurteile und Stereotype müssen dringend beseitigt werden. Die technisierte Welt des 21. Jahrhunderts hat einen Komplexitätsgrad erreicht, der nur gemeistert werden kann, wenn die nötigen Kompetenzen von mehr Männern *und* Frauen erworben werden.

Wir brauchen also dringend mehr Frauen in Führungspositionen in den MINT-Disziplinen. Frauen, zu denen junge Mädchen aufschauen können. Frauen wie Ada Lovelace.

(Die Lösung: Es sind 128 Schafe.)

Runde Zahlen ...

... für normale Menschen: 10, 100, 1000

... für Lebensmitteleinzelhändler: 99 Cent, 3,99 Euro, 19,95 Euro

... für Fußballer 11, 45, 90

... für Elektriker 9, 12, 220

... für Informatiker 8, 1024, 65536

... für Mathematiker π, e, i, $\sqrt{2}$, *ln*2

... für Quantenphysiker $1{,}9 \cdot 10^{-19}$, $6{,}02 \cdot 10^{23}$, $6{,}6 \cdot 10^{-34}$

... für Ada Lovelace 1, –½, 1/6, 0, –1/30, 0, 1/42

Das Paradoxon des Sir Robert Giffen

Das Paradoxon, um das es in dieser Geschichte geht, ist nach dem schottischen Wirtschaftswissenschaftler Sir Robert Giffen (1837–1910) benannt. Beim Studium der Auswirkungen der großen Hungersnot in der Mitte des 19. Jahrhunderts in Irland hatte Sir Robert ein kontraintuitives Verhalten der Nachfrage nach bestimmten Gütern als Reaktion auf Preisänderungen beobachtet: Damals nahm die Nachfrage nach Kartoffeln bei jenen Haushalten zu, die in der Nähe des Existenzminimums lebten – und dies, obwohl die Kartoffelpreise aufgrund der Kartoffelfäule, die unter anderem die Hungersnot ausgelöst hatte, stark gestiegen waren. Mit anderen Worten: Die ärmeren Haushalte kauften umso mehr Kartoffeln, je teurer sie wurden.

Normalerweise verhält sich die Nachfragefunktion für ein Gut ganz anders: Bei steigenden Preisen für dieses Gut nimmt die Nachfrage ab, und umgekehrt steigt sie bei fallenden Preisen. Das ist das bekannte Gesetz von Angebot und Nachfrage.

Die überraschende Anomalie erklärte der Ökonom Robert Giffen folgendermaßen: Eine Preissteigerung von an sich günstigen Grundnahrungsmitteln reduziert in den finanziell schlechter gestellten Haushalten die für teurere Nahrungsmittel vorgesehenen Ressourcen so sehr, dass die Haushalte auf diese teureren Nahrungsmittel fast ganz verzichten müssen und stattdessen mehr Grundnahrungsmittel konsumieren, um ihre Ernährung zu sichern.

Besser kann man es so erklären:

Stellen Sie sich vor, dass Sie unter der Woche am Abend

immer Brot essen und sich nur am Wochenende Fleisch gönnen. Dann wird aber plötzlich das Brot teurer, und zwar so teuer, dass Sie sich das Fleisch am Wochenende nicht mehr leisten können.

Was tun Sie?

Genau: Sie müssen auch am Wochenende Brot essen. Ihre Nachfrage nach Brot steigt also, obwohl das Brot teurer wird.

Wir betrachten dazu ein weiteres einfaches Beispiel, das diesen Effekt anschaulich darstellt:

Jemand hat 6 Euro pro Tag zur Verfügung. Davon kauft er jeden Tag einen Laib Brot für 2 Euro und ein Stück Fleisch für 4 Euro. Eines Tages steigt der Brotpreis auf 3 Euro. Wenn er jetzt einen Laib Brot kauft, dann bleibt ihm nicht mehr genügend Geld, um sich noch ein Stück Fleisch zu leisten. Also kauft er statt des Fleisches einen weiteren Laib Brot. Wenngleich sich der Brotpreis um 50 Prozent verteuert hat, kauft die Person jetzt die doppelte Menge Brot.

Obwohl das heute so bezeichnete Giffen-Paradoxon zunächst im ökonomischen Kontext bei Kartoffeln entdeckt und analysiert wurde, hat es weit darüber hinaus Bedeutung erlangt und kann bei vielen Optimierungsproblemen in den verschiedensten Bereichen auftreten. Dazu ein Beispiel ganz anderer Art. Es ist ein sogenanntes Optimierungsproblem mit Nebenbedingungen, wie es in enorm vielen Settings in der Realität und in vielen Teilbereichen der Mathematik vorkommt. Dabei geht es immer darum, eine bestimmte Größe wie etwa den Zeitverbrauch oder die Kosten oder den Energieaufwand unter Einhaltung gewisser Bedingungen so kurz oder klein oder gering wie möglich zu machen. Oder entsprechend in anderen Settings eine andere Größe so groß wie möglich zu machen, zum Beispiel den Gewinn.

Dazu ein Beispiel:

Herr K will einen Ausflug machen. Für den Transport (einfache Richtung) hat er ein Budget von 300 Euro vorgesehen; sein Ziel soll mindestens 40 km weit von zu Hause entfernt sein. Er hat zwei Optionen des Reisens:

- ein Boot, das 2 Zeiteinheiten pro Kilometer benötigt und 5 Euro pro Kilometer kostet.
- einen Zug, der 1 Zeiteinheit pro Kilometer benötigt und 10 Euro pro Kilometer kostet.

Herr K möchte mit seinem Budget von 300 Euro die Strecke schnellstmöglich zurücklegen und kann die Beförderungsmittel auch kombinieren. Dies ist das angesprochene Optimierungsproblem.
Mathematisch betrachtet besteht das Ziel darin, die folgende Funktion z – auch Zielfunktion genannt –

$$z = 2x_1 + x_2 \tag{1}$$

zu minimieren. In dieser Gleichung bezeichnen x_1 bzw. x_2 die Anzahl der Kilometer, die mit dem Boot bzw. mit dem Zug zurückgelegt werden. Da das Boot 2 Zeiteinheiten für einen Kilometer benötigt, ist $2x_1$ die Fahrtzeit von Herrn K für den per Boot zurückgelegten Teil seines Trips.
Entsprechend ist x_2 die für die Zugfahrt aufgewendete Zeit, da der Zug nur eine Zeiteinheit pro Kilometer benötigt.
Die Summe dieser beiden Fahrtzeiten ist die Reisedauer. Sie wird in der obigen Gleichung (1) als z bezeichnet und soll laut Aufgabenstellung so kurz bzw. gering wie möglich sein.
Aus der Aufgabe ergeben sich weitere Bedingungen für die Variablen x_1 und x_2:

$$5x_1 + 10x_2 \leq 300 \tag{2}$$

$$x_1 + x_2 \geq 40 \tag{3}$$

$$x_1 \geq 0, x_2 \geq 0 \tag{4}$$

Schauen wir uns diese Bedingungen an:
Die Bedingung (2) enthält auf der linken Seite für die spezielle Wahl von x_1 Kilometer Bootsfahrt und x_2 Kilometer Zugfahrt die Reisekosten, nämlich $5x_1+10x_2$. Denn jeder Kilometer Boot kostet 5 Euro und jeder Kilometer Zug kostet 10 Euro. Die Gesamtreisekosten sollen 300 Euro nicht überschreiten. Deshalb das Ungleichheitszeichen $\leq$ in Bedingung (2).

Bedingung (3) enthält auf der linken Seite die Gesamtzahl der gereisten Kilometer. Gemäß dem Wunsch von Herrn K sollen dies mindestens 40 Kilometer sein. Da aber eine größere Entfernung als 40 Kilometer auch mehr Reisezeit erfordert, kann dieser Wunsch von Herrn K als Gleichung erfasst werden. Denn mehr als 40 Kilometer zu reisen dauert in jedem Fall länger, als nur genau 40 Kilometer zu reisen.

Bedingung (3) bedeutet also genau besehen, dass Herr K 40 Kilometer von zu Hause entfernt den Tag verbringen wird, wenn er seine Reisezeit minimieren will. Denn alles Weitere würde länger dauern.

Zu den eben genannten Bedingungen gesellen sich noch die offensichtlichen Anforderungen in (4). Diese drücken aus, dass die zurückgelegten Strecken nicht negativ sind.

Das System der obigen Gleichungen und Ungleichungen bezeichnet man in der Mathematik als lineares Optimierungsproblem mit Zusatzbedingungen. Für die Zielvariable z wird der kleinstmögliche Wert gesucht, wenn die beiden Variablen x_1 und x_2 aufgrund der Bedingungen, denen diese Variablen unterliegen, nur Werte in einem bestimmten Bereich annehmen können.

Man kann das gestellte Problem auf faszinierende Weise durch eine Grafik lösen: Die zeichnerische Lösung dieses Optimierungsproblems ist im folgenden Diagramm links zu sehen.

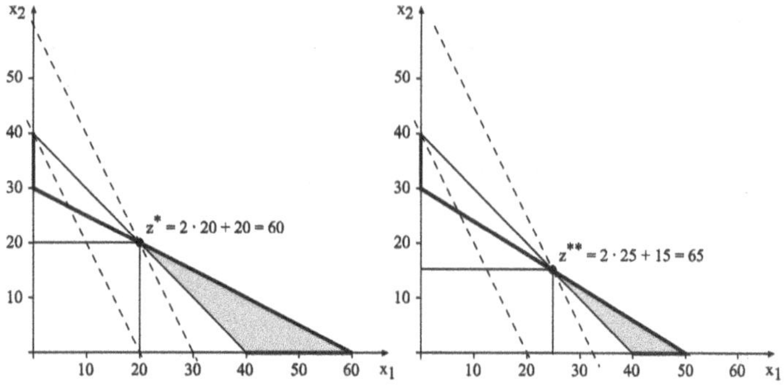

***Abb. 3:** Zeichnerische Lösung des Optimierungsproblems – Teil 1*

Was zeigen diese beiden Diagramme?

Das Diagramm links ist ein Koordinatensystem mit horizontaler Koordinatenachse x_1 und vertikaler Koordinatenachse x_2. Die fett eingezeichnete Strecke durch die beiden Punkte mit den Koordinaten (0,30) und (60,0) rührt von Nebenbedingung (2), wenn man diese nach x_2 auflöst. Schreibt man die Bedingung (2) mit einem Gleichheitszeichen statt des verwendeten Ungleichheitszeichens und löst die entstehende Gleichung nach x_2 auf, dann ergibt sich eine Gleichung für eine Gerade.

$$x_2 = 30 - \frac{1}{2}x_1$$

Aus der Schulzeit ist vielleicht noch bekannt, dass die Zahl 30 in dieser Gleichung die Stelle angibt, wo die Gerade die nach oben zeigende Achse schneidet. Die Zahl $-\frac{1}{2}$ als Faktor vor x_1 bezeichnet die Steigung dieser Geraden: Aufgrund des Minuszeichens ist die Steigung negativ, was bedeutet, dass die Gerade für größer werdende Werte von x_1 nicht ansteigt, sondern abfällt. Kurzum, eine negative Steigung ist ein Gefälle.

Genauer ausgedrückt ist das Gefälle der Geraden so klein, dass bei Zunahme von x_1 um eine Einheit x_2 nur um eine halbe Einheit kleiner wird. Oder: Bei Zunahme von x_1 um 60 Einheiten nimmt x_2 um 30 Einheiten ab.

Vom Punkt *(0,30)* auf der x_2-Achse ausgehend, erreicht man dann mit einer Zunahme von 60 Einheiten bei der Variablen x_1 wegen der damit verbundenen Abnahme von x_2 um 30 Einheiten genau die Stelle 60 auf der x_1-Achse.

Da die ursprüngliche Bedingung (2) ein Ungleichheitszeichen enthielt, bedeutet dies: Alle Punkte mit Koordinaten (x_1, x_2), welche die Bedingung (2) erfüllen, liegen auf oder unter der eben beschriebenen Geraden durch die Punkte *(0,30)* und *(60,0)*. Das ist die erste wichtige Erkenntnis.

Die zweite im linken Diagramm enthaltene dünn eingezogene Gerade geht durch die Punkte *(0,40)* und *(40,0)*. Ihr Achsenabschnitt ist somit 40, und auch sie drückt ein Gefälle aus: Bei einer Zunahme der x_1-Variablen um 40 Einheiten fällt die x_2-Variable um 40 Einheiten. Diese Gerade hat somit ein Gefälle von –1. Die Gleichung dieser Geraden ist demnach

$$x_2 = 40 - x_1$$

Diese Gleichung ist eine direkte Konsequenz der obigen Bedingung (3).

Alle Punkte (x_1,x_2), die dieser Bedingung genügen, liegen auf oder über dieser Geraden. Nimmt man noch die Nichtnegativitätsbedingungen hinzu, so wird durch all diese Bedingungen leicht erkennbar ein Dreiecksbereich *D* festgelegt mit Eckpunkten (20,20), (40,0) und (60,0). Dieser Bereich ist im Diagramm grau markiert.

Aufgrund unserer bisherigen Überlegungen und Aussagen über die Zusatzbedingungen können wir schlussfolgern, dass als Lösungen des Optimierungsproblems nur Punkte aus dem grauen Bereich infrage kommen.

Wir müssen also jenen Punkt oder eventuell jene Punkte (x_1, x_2) aus dem grauen Bereich identifizieren, für welche der Zahlenwert von $2x_1+x_2$ kleinstmöglich wird. Denn diese Summe ist der Wert der Zielfunktion, also der Reisedauer, und die soll so kurz wie möglich sein.

Um die Lösungen zu finden, haben wir in das obige Diagramm noch die Geraden eingezeichnet, die sich aus der Zielfunktion in Gleichung (1) ergeben, und zwar für die konkreten Werte $z = 40$ und $z = 60$.

Für $z = 40$ ergibt sich aus der Beziehung (1) zunächst

$$40 = 2x_1 + x_2$$

Und somit nach elementarem Umstellen der Gleichung:

$$x_2 = 40 - 2x_1$$

Was bedeutet diese Gleichung?

Diese Gleichung repräsentiert eine Gerade mit einer negativen Steigung von –2, und ihr Achsenabschnitt 40 entspricht genau dem Wert, den die Zielfunktion jeweils für alle Werte (x_1, x_2) hätte, die auf dieser Geraden liegen.

Schaut man sich die Gerade im Diagramm an, so ist leicht erkennbar, dass sie nicht durch den grauen Bereich verläuft. Insofern ist keiner der Punkte auf dieser Geraden ein gültiger Punkt, der alle geforderten Zusatzbedingungen erfüllt.

Im Vergleich mit dieser Geraden für $z = 40$ sind die entsprechenden Geraden für andere z-Werte (also zum Beispiel $z = 50$ oder $z = 60$) einfach parallel verschoben. Denn sie haben ja dieselbe Steigung von –2 und nur der Achsenabschnitt ist jeweils ein anderer, nämlich der gewählte z-Wert, also 50 oder 60.

Zur Lösung unseres Optimierungsproblems können wir deshalb wie folgt vorgehen: Ausgehend von der Geraden für $z = 40$ verschieben wir nun diese Gerade durch Vergrößerung von z so lange, bis wir eine parallel verschobene Gerade erhalten, die erstmals das graue Dreieck *D* schneidet. Dies ist die Gerade für $z = 60$.
Auf dieser Geraden liegt, wie leicht erkennbar ist, der Dreieckspunkt mit Koordinaten $x_1 = 20$ und $x_2 = 20$. Das ist der obere Eckpunkt des grauen Dreiecks. Zudem ist es der minimale z-Wert, bei dem die zugehörige Gerade den grauen Bereich schneidet, und zwar in einem einzigen Punkt. Da wir auf der Suche nach dem Minimum der Zielfunktion für x_1- und x_2-Werte aus dem grauen Bereich sind, haben wir mit dieser Geraden durch den Eckpunkt des grauen Bereichs alles auf einen Schlag erhalten:
Die Lösung unseres Optimierungsproblems besteht demnach darin, 20 km mit dem Boot zu reisen, was $5 \cdot 20 = 100$ Euro kostet und 40 Zeiteinheiten dauert, sowie 20 km mit dem Zug zurückzulegen, was zwar $20 \cdot 10 = 200$ Euro kostet, aber nur 20 Zeiteinheiten dauert. Die Gesamtreisedauer ist der *z*-Wert $40 + 20 = 60$ Zeiteinheiten. Die Gesamtkosten der Reise sind erwartungsgemäß $100 + 200 = 300$ Euro bei $20 + 20 = 40$ Kilometer zurückgelegtem Weg. Verblüffend sind die Plötzlichkeit und Vollständigkeit der Klarheit. Nichts bleibt zu wünschen übrig.
Nun analysieren wir den Fall, dass sich der Kilometerpreis für das Boot von 5 auf 6 Euro pro Kilometer verteuert. Diese Änderung entspricht im ökonomischen Beispiel der Verteuerung von Brot.
Wird Herr K bei optimalem Verhalten nun mehr oder weniger Geld für die Bootsfahrt ausgeben als zuvor, also mehr oder weniger Kilometer mit dem Boot reisen?
Die Antwort ist ein weiteres Musterbeispiel für das Giffen-

Paradoxon. Die relevanten Gleichungen und Ungleichungen für die neue Situation sind nunmehr

$$z = 2x_1 + x_2$$
$$6x_1 + 10x_2 \leq 300$$
$$x_1 + x_2 \geq 40$$
$$x_1 \geq 0, x_2 \geq 0$$

Die zeichnerische Lösung ergibt sich mit denselben Überlegungen wie zuvor und ist nun im rechten Teil des folgenden Diagramms enthalten. Zu direkten Vergleichszwecken befindet sich links abermals die Lösung des Problems bei einem Preis von 5 Euro pro Kilometer für die Bootsfahrt.

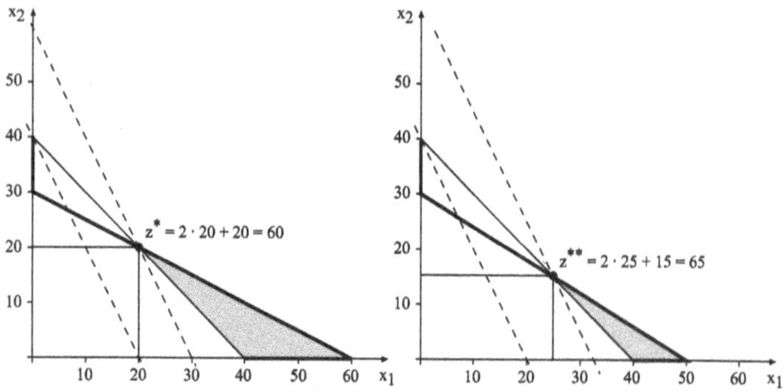

***Abb. 4:** Zeichnerische Lösung des Optimierungsproblems – Teil 2*

Bei einem höheren Bootspreis führen die Zusatzbedingungen auf ein erheblich kleineres Dreieck D, das nun die Eckpunkte (25,15), (40,0) und (50,0) hat. Die aus der Zielfunktion für 65 abgeleitete Gerade trifft dieses Dreieck im linken oberen Eckpunkt mit den Koordinaten $x_1 = 25$ und $x_2 = 15$.

Nach Erhöhung des Kilometerpreises für das Boot ist es also überraschenderweise optimal statt zuvor 20 Kilometer jetzt sogar 25 Kilometer mit dem Boot zurückzulegen, was einer Bootsfahrt von $2 \cdot 25 = 50$ Zeiteinheiten und Kosten von $6 \cdot 25 = 150$ Euro entspricht.

Nur 15 km werden mit dem Zug zurückgelegt. Die Zugfahrt dauert 15 Zeiteinheiten und kostet ebenfalls 150 Euro.

In der Gesamtbilanz zahlt Herr K auch bei dieser Aufteilung 300 Euro, um 40 Kilometer zurückzulegen, doch die Gesamtreisezeit hat sich von ehemals 60 Zeiteinheiten auf 65 Zeiteinheiten erhöht.

Das Giffen-Paradoxon kann in den unterschiedlichsten Kontexten auftreten. Immer dann, wenn es um die Optimierung einer Größe geht, die von verschiedenen Variablen abhängt, die wiederum einer Reihe von Zusatzbedingungen unterworfen sind, muss man mit ihm als Möglichkeit rechnen.

Denkpause: Kartoffeln oder Reis? Eine Mengenlehre

Ein Restaurant veranstaltet unter seinen Gästen eine Umfrage zum Genuss von Kartoffeln oder Reis als Beilage. Unter den 79 befragten Gästen während einer Woche ergaben sich die folgenden Ergebnisse:

Zahl der Befragten, die Kartoffeln essen: 55
Zahl der Befragten, die Reis essen: 62
Zahl der Befragten, die Kartoffeln und Reis essen: 37
Zahl der Befragten insgesamt: 79

Die Besitzerin des Restaurants überfliegt die ihr vorgelegten Ergebnisse und sagt spontan, dass sie fehlerhaft sind.
Warum kann sie sich sicher sein?
Die Antwort erhalten wir mit einer kleinen geräuschlosen Anwendung der elementaren Mengenlehre, die in den 1970er-Jahren für ziemlich viel Getöse an deutschen Grundschulen gesorgt hat:
Von den 55 Kartoffelessern essen 55 - 37 = 18 keinen Reis.
Von den 62 Reisessern essen 62 - 37 = 25 keine Kartoffeln.
Mit diesen Überlegungen haben wir die Befragten in drei Gruppen eingeteilt: 18 essen nur Kartoffeln, 25 essen nur Reis, und 37 essen beides. Zwischen diesen drei Gruppen gibt es keine Überlappungen. Zusammen sind das 18 + 25 + 37 = 80 Personen. Es wurden aber nur 79 Personen befragt. Somit muss sich in den Ergebnissen der Befragung irgendwo ein Fehler eingeschlichen haben.

Ameisen + Algorithmen = Schwarmintelligenz

Wenn Sie ein Navigationssystem verwenden, dann nutzen Sie bereits zumindest unbewusst die Vorteile der Schwarmintelligenz. Navigationssysteme sind relativ neue Erfindungen für den menschlichen Alltag.

Auch Ameisen verwenden Prinzipien der Schwarmintelligenz, und sie tun das bereits seit mehr als 100 Millionen Jahren. Wir müssen zugeben, dass sie dies mit außerordentlichem Erfolg tun. Denn sonst wäre ihre Biomasse auf dem Planeten nicht weitaus größer als unsere.

Schwarmintelligenz richtig eingesetzt, ist eine mächtige Waffe, um viele komplizierte Optimierungsprobleme anzugehen. Sie führt zu Lösungen, die inspiriert sind durch das Verhalten von Insektenkolonien, um Aufgaben zu lösen, die ein einzelnes Individuum niemals bewältigen könnte.

Besonders Ameisen leisten hier Erstaunliches bei der Koordinierung und Synchronisierung von Verhaltensmustern. Die Koordination und Synchronisation von sehr vielen Individuen erfordert natürlich Kommunikation. Das Medium der Kommunikation zwischen Ameisen ist ein flüchtiger Duftstoff, eine einfache Pheromonspur, die jede Ameise auf dem Boden hinterlässt, um ihren Weg zu markieren.

Ameisen können Pheromonspuren auch erkennen und folgen in der Regel solchen Wegen, auf denen die Pheromonkonzentration hoch ist.

Ameisen sind faszinierende Tiere. Zwar hat jede einzelne nur rund 200 000 Neuronen, die in der Spitze eines Stecknadelkopfes Platz finden, verfügt über ein Langzeitgedächtnis von nur 10 Sekunden und hat nicht mehr als 25 Verhaltens-

weisen im Repertoire. Eine einzelne Ameise kann damit nicht viel bewirken.
Doch eine ganze Kolonie von Ameisen ist zu erstaunlichen Dingen fähig: zum Beispiel, über größere Entfernungen den kürzesten Weg zum Futter zu finden.
Dazu betrachten wir das folgende Schaubild:

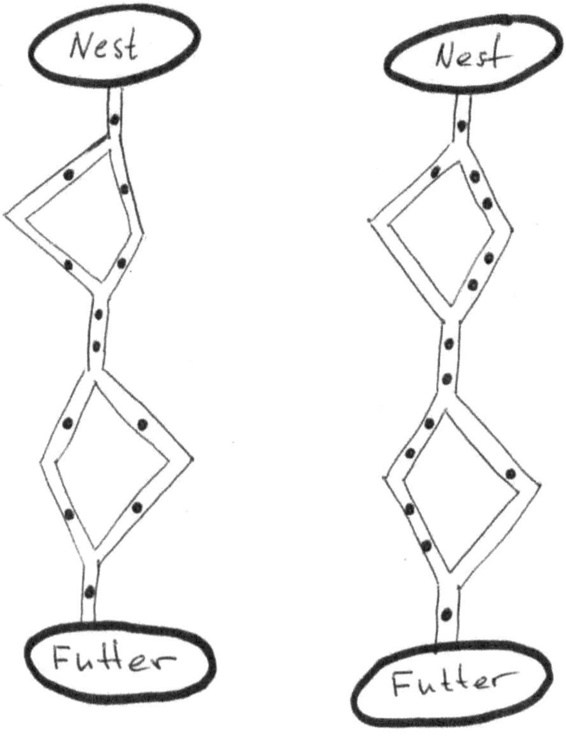

***Abb. 5:** Eine Ameisenkolonie entdeckt den kürzesten Weg; diese Abbildung beschreibt ein berühmtes Experiment.*

Ameisen können von ihrem Nest zu einer Futterquelle einen von mehreren Wegen gehen. Ein Weg ist kurz, die anderen sind länger.
Kommt nun die erste Ameise, vom Futter angelockt, aus dem

Nest und erreicht eine Weggabelung, dann wählt sie willkürlich einen der beiden Wege und erreicht auf diesem das Futter. Dabei hinterlässt sie eine Pheromonspur.

Bei einer einzelnen Ameise ist die nicht sehr ausgeprägt, sodass die nachfolgenden Ameisen noch mit gleicher Wahrscheinlichkeit zwischen den möglichen Wegen wählen werden. Aber einige der Ameisen werden den kürzesten Pfad wählen, gelangen also schneller zum Futter und zurück. Das bedeutet, dass auf diesem Weg die Konzentration des Pheromons größer ist als auf den langen Wegen.

Da sich Ameisen an der Stärke der Pheromonspur orientieren, werden die nachfolgenden Ameisen mit größerer Wahrscheinlichkeit auch den kürzesten Weg wählen.

Dadurch wird die Pheromonspur auf diesem Weg weiter verstärkt, und er wird mit immer größer werdender Wahrscheinlichkeit von den nachfolgenden Ameisen gewählt.

Einer einzelnen Ameise ist das sichere Finden des kürzesten Weges zur Futterquelle nicht möglich. Es gelingt ihr nur durch Zufall, durch die zufällig richtige Wahl des kürzesten Weges.

Aber einem ganzen Schwarm von Ameisen gelingt es in kurzer Zeit mühelos durch die beschriebene Pheromon-Strategie.

Diese Methode wird seit etwa zwanzig Jahren von Menschen genutzt, um ein ganzes Spektrum ameiseninspirierter Algorithmen für komplexe Aufgaben einzusetzen.

Nehmen wir ein konkretes Beispiel, das das natürliche Wegfindungsverhalten von Ameisen für eine Optimierungsaufgabe einsetzt.

Bitte versetzen Sie sich in folgende Situation: Sie müssen heute unbedingt drei Dinge erledigen, für die Sie eine Deadline haben. Nennen wir diese Erledigungen einfach Job 1, Job 2 und Job 3. Diese drei Jobs dauern in der Ausführung

6 Stunden, 3 Stunden und 5 Stunden und müssen binnen 10 Stunden, 4 Stunden und 13 Stunden erledigt sein, von jetzt an gerechnet. Kurzgefasst sieht das so aus:

Job 1 (dauert 6 Stunden) muss binnen 10 Stunden erledigt sein. Job 2 (dauert 3 Stunden) muss binnen 4 Stunden erledigt sein. Job 3 (dauert 5 Stunden) muss binnen 13 Stunden erledigt sein.

Ihr Ziel ist es, die Reihenfolge, in der Sie die Jobs abarbeiten, so zu wählen, dass entweder alle drei fristgerecht fertig sind oder doch jedenfalls die gesamte Fristüberschreitungszeit so gering wie möglich ausfällt.
In welcher Reihenfolge sollten Sie die Jobs abarbeiten?
Nach einigem Nachdenken lösen Sie das Problem auf sehr geistreiche, aber unkonventionelle Art: Und zwar holen Sie einige Ihrer Lieblingsameisen aus Ihrer Kreativabteilung. Sagen wir, es sind insgesamt nur vier dieser possierlichen Tierchen, damit der Rahmen überschaubar bleibt. Diese kleine Ameisenschar möchten Sie einsetzen, um Ihr Problem zu lösen.
Übrigens: Alle Jobs müssen am Stück und ohne zwischenzeitliche Unterbrechung abgearbeitet werden, aber zum Glück jeder nur ein einziges Mal. Es läuft also darauf hinaus, die optimale Reihenfolge der Bearbeitung zu finden.
Die vier Ameisen Ihres Vertrauens werden natürlich wieder ihre Pheromone als Allzweckwaffe einsetzen. Was auch sonst? Um ihnen das zu ermöglichen, erstellen Sie ein kleines Netzwerk: Die Jobs sind auf der einen Seite, die Abarbeitungspositionen sind auf der anderen Seite – drei Knoten links für die Jobs und drei Knoten rechts für die Abarbeitungspositionen.
Zwischen den Knoten links und rechts gibt es insgesamt

neun Verbindungslinien. Von jedem Jobknoten gehen drei aus, und bei jedem Positionsknoten gehen drei ein.

Jetzt machen sich die Ameisen startbereit: Auf den Verbindungswegen zwischen den Jobknoten und den Positionsknoten werden, wenn die Ameisen ihre Arbeit tun, Pheromonspuren auftreten, wobei die Pheromondichte auf dem Verbindungsweg von einem gegebenen Job zu einer gewissen Position von der Vorteilhaftigkeit abhängt, diesen Job an gerade dieser Position in der Bearbeitungsreihenfolge abzuarbeiten.

Bevor die kleine Schar der Insekten ans Werk geht, muss der eben erwähnte Begriff der *Vorteilhaftigkeit* noch messbar gemacht werden.

Es bietet sich an, die Vorteilhaftigkeit einer bestimmten Bearbeitungsreihenfolge mittels der gesamtheitlichen Fristüberschreitung zu messen, der mit ihr verbunden ist. Je kleiner die Fristüberschreitung bei einer gegebenen Reihenfolge, desto vorteilhafter ist sie.

Wenn nun die Ameisen ihrer Wege gehen, werden sie Vorteilhaftigkeit am Pheromonwert erkennen. Je vorteilhafter, desto größer der Pheromonwert und umgekehrt.

Setzen wir also unsere erste Ameise auf den Knoten von Job 1. Noch gibt es kein Pheromon. Somit wählt unsere Starter-Ameise in dem Netzwerk, welches links die Jobknoten, rechts die Positionsknoten und Strecken zwischen Jobs und Positionen hat, eine der Strecken zu den Positionen 1, 2 oder 3. Sie trifft ihre Wahl rein zufällig. Sagen wir, dass Ameise 1, auf den Jobknoten 1 gesetzt, zum Positionsknoten 1 (Zeit 6 Stunden / Frist 10 Stunden) läuft, auf den Jobknoten 2 gesetzt zum Positionsknoten 3 läuft (dafür standen nur noch Knoten 2 und 3 zur Verfügung), und auf den Jobknoten 3 gesetzt zum Positionsknoten 2 läuft (ohne Auswahlmöglichkeit).

Die folgende Tabelle erfasst die Details dieser Wahl:

Job	**Zeit**	**Frist**	**Fristüberschreitung**
1	6	10	0
3	11	13	0
2	14	4	10
Ameise 1			**10 (Gesamt)**

Die Tabelle besagt, dass Ameise 1 die Jobs in der Reihenfolge erst 1, dann 3, dann 2 abarbeitet. Dann ergibt sich nur bei Job 2 eine Fristüberschreitung, aber mit 10 Stunden ist die ziemlich heftig. Die gesamte Fristüberschreitung **F** beträgt also 10 Stunden. Das wird später, wenn der Durchlauf aller vier Ameisen beendet ist, noch wichtig werden, da dieser von den Ameisen gewählten Reihenfolge dann ein Pheromonwert zugeordnet wird.

Nun geht Ameise 2 an den Start. Sie läuft von Job 1 nach Position 2, von Job 2 nach Position 1, von Job 3 nach Position 3. Auch wieder rein zufällig. Das ergibt:

Job	**Zeit**	**Frist**	**Fristüberschreitung**
2	3	4	0
1	9	10	0
3	14	13	1
Ameise 2			**1 (Gesamt)**

Nun kommt Ameise 3. Sie läuft, mit jeweils rein zufälliger Auswahl, von Job 1 nach Position 1, von Job 2 nach Position 2, von Job 3 nach Position 3. Das bedeutet im Ergebnis:

Job	Zeit	Frist	Fristüberschreitung
1	6	10	0
2	9	4	5
3	14	13	1
Ameise 3			**6 (Gesamt)**

Als Letzte ist Ameise 4 dran. Sie läuft von Job 1 nach Position 2, von Job 2 nach Position 3, von Job 3 nach Position 1. Also:

Job	Zeit	Frist	Fristüberschreitung
3	5	13	0
1	11	10	1
2	14	4	10
Ameise 4			**11 (Gesamt)**

Nun kommen wir zur Pheromonspur der Ameisen, die wir nach vollendetem ersten Durchgang jetzt für alle Ameisen auf den von ihnen gewählten Strecken anbringen. Die Strecken seien von 1 bis 9 durchnummeriert, beginnend mit den Strecken zwischen Job 1 und Position 1, Job 1 und Position 2 bis hin zu der zwischen Job 3 und Position 3.
Führen die drei von einer Ameise gewählten Strecken im Netzwerk zu einer Fristüberschreitung von **F**, so wird den drei Strecken der Pheromonwert **15 – F** hinzuaddiert. Das heißt, der Pheromonwert ist umso größer, je kleiner die gesamte Fristüberschreitung ist. Der Wert 15 wurde relativ beliebig gewählt, er sollte nur größer sein als alle Fristüberschreitungen, damit der hinzuaddierte Pheromonwert positiv ist. Damit ergibt sich nach dem ersten Durchlauf folgende Belegung der Strecken mit Pheromonwerten.

Strecke	1	2	3	4	5	6	7	8	9
Pheromonwert	14	**18**	0	**14**	9	9	4	5	**23**

Beim zweiten Durchgang wählen die Ameisen nun die zur Verfügung stehenden Strecken mit Wahrscheinlichkeiten, die im Verhältnis der Pheromonwerte auf den Strecken stehen.
Darauf wollen wir hier verzichten und lediglich bemerken, dass bereits nach einem einzigen Durchlauf mit nur vier Ameisen die aus obigen Pheromonwerten resultierende Reihenfolge der abzuarbeitenden Jobs gegeben ist durch: Job 2, Job 1, Job 3, wie man den fett gedruckten Einträgen in obiger Tabelle entnehmen kann.
Wie sich herausstellt, ist das tatsächlich die optimale Lösung des Reihungsproblems mit einer gesamten Fristüberschreitung von nur 1 Stunde. Die anderen Reihungen haben nach Addition gesamtheitliche Fristüberschreitungen von 6, 10 und 11 Stunden. Ihre vier Ameisen haben das Problem für Sie gelöst.
Was lernen wir daraus? Ganz einfach. Ameisen als Haustiere können für allerlei anfallende Arbeiten nützlich sein.

Denkpause: Der Volkszähler und die Zenmeister

In einer Gebetshütte leben drei alte Zenmeister. Sie haben ihr ganzes Leben lang über Zahlen meditiert. Zahlen können allerlei sein: vollkommen, natürlich, rational, fröhlich, glücklich, befreundet, komplex, surreal ... Sie können Münchhausen-Zahlen sein oder Sierpinski-Zahlen und noch vieles andere mehr.

Eines Tages besucht der Volkszähler die Hütte der Zenmeister. »Verehrte Meister, wie viele Schüler hat jeder von euch dreien in der letzten Woche empfangen?«, fragt der Volkszähler.

Einer der Zenmeister antwortet: »Das Produkt der Zahlen der von uns empfangenen Personen ist 36. Bildet man aber deren Summe, so erhält man die Zahl der Kraniche, die in diesem Moment über uns hinwegfliegen. Der Zähler schaut zum Himmel, denkt nach und meint: »Damit kann ich die jeweilige Anzahl der Schüler nicht eindeutig bestimmen.« – »Stimmt«, erwidert einer der Zenmeister, »ich vergaß zu erwähnen, dass einer von uns recht viele Schüler empfing.«

Soweit der Dialog zwischen Zenmeister und Volkszähler. Und nun sind Sie dran: Sie wissen zwar nicht, wie viele Kraniche flogen, aber wissen Sie dennoch, wie viele Schüler jeder der drei Meister in der letzten Woche empfing?

Man mag zunächst denken, dass die genannten Details nicht ausreichen, um die Lösung zu finden. Man denkt, es sei unmöglich. Es geht aber doch!

Versuchen wir einen systematischen Ansatz: Welche Informationen liegen vor, und welche Schlüsse lassen sich ziehen?

Das Produkt der drei Zahlen ist 36. Das erlaubt acht verschiedene Kombinationen:

Möglichkeiten	1, 1, 36	1, 2, 18	1, 3, 12	1, 4, 9	1, 6, 6	2, 2, 9	2, 3, 6	3, 3, 4
Anzahl der Schüler	38	21	16	14	13	13	11	10

Man erkennt, dass die Summen der Zahlen verschieden sind, bis auf die Summe 13, die zweimal vorkommt. Und genau das muss die Anzahl der Kraniche am Himmel sein, denn bei allen anderen Summenwerten hätte der Volkszähler die Zahlen eindeutig ermitteln können.

Nur im Fall der Summe 13 bleiben als Möglichkeiten 1, 6, 6 und 2, 2, 9. Gibt es noch ein Detail, um zwischen diesen Fällen zu unterscheiden?

Ja, es steckt im letzten Satz des Zenmeisters. Einer empfing mehr Schüler als die anderen. Also empfingen zwei Zenmeister je 2 Schüler, und einer empfing 9 Schüler. Die andere Möglichkeit scheidet aus: Denn es gibt keine zwei, die mehr Schüler empfingen als der dritte.

So handelt diese Parabel von der Leichtigkeit des Unmöglichen. Was mich verleitet zu diesem Suihitsu (nach japanisch: schnell aus dem Pinsel geflossen): In der Mathematik ist alles Mögliche möglich. Und einiges Unmögliche auch.

Anmerkung: Die Zahl 36 in dieser Aufgabe hat eine ganz besondere Eigenschaft, wie wir gesehen haben: Unter den ungeordneten Zahlentripeln mit dem Produkt 36 gibt es exakt zwei Zahlentripel mit gleicher Summe. Zwischen diesen ließ sich dann mit der »Zusatzinformation«, dass einer der Meister viele Schüler empfing, unterscheiden. Derartige Zahlen heißen in der Zahlentheorie *Volkszähler-Zahlen* (census taker numbers). Und 36 ist die kleinste dieser Zahlen.

Ist der kürzeste Weg auch immer der schnellste?

Wie wir nun wissen, ist eine Population von Ameisen in kurzer Zeit in der Lage, den kürzesten Weg zum Futter zu finden, selbst wenn der recht lang ist. Das für sich allein ist schon bemerkenswert, zumal eine Population von Menschen diese Fähigkeit in ähnlich schwierigen Settings nicht besitzt.

Was aber passiert, wenn der kürzeste Weg zum Futter nicht der schnellste Weg ist?

Eine solche Situation kann sich ergeben, wenn die Ameisen auf dem Weg zum Futter auf zwei Oberflächen marschieren müssen, die mit verschiedenen Materialien versehen sind: einem glatten Untergrund, auf dem sie eher langsam vorankommen, und einem rauen Untergrund, auf dem sie wegen der besseren Griffigkeit schneller vorankommen.

Eine analoge Situation in der unbelebten Natur besteht beim Verhalten von Lichtstrahlen, die in zwei verschiedenen Materialien unterwegs sind, etwa in der Luft und im Wasser. Was beobachten wir, wenn Lichtstrahlen von einer Lichtquelle in der Luft schräg auf die Wasseroberfläche treffen? Der Lichtstrahl wird gebrochen.

Oder, falls Sie die belebte Natur bevorzugen: Versetzen Sie sich bitte in die Lage eines Rettungsschwimmers, der den Strand vor sich im Blick hat und plötzlich schräg vor ihm im Wasser einen strauchelnden Schwimmer sieht, der schnellstmöglich seine Hilfe braucht.

Der Rettungsschwimmer hat es trainiert, sehr schnell auf Sand zu sprinten, und er ist natürlich auch ein außergewöhnlich schneller Schwimmer. Seine Sprintgeschwindigkeit auf

Sand ist aber dennoch um einiges größer als seine Fähigkeit, im Wasser schnell zu schwimmen.

Der Rettungsschwimmer will den Hilfsbedürftigen natürlich so schnell wie möglich erreichen. Es kann auf Sekunden ankommen. Deshalb geht es dem Rettungsschwimmer nicht um den kürzesten, sondern um den schnellsten Weg zum Ziel.

Der kürzeste Weg ist die gerade Verbindungslinie zwischen Rettungsschwimmer und Ertrinkendem. Es ist sicherlich klug, diesen Weg als eine Möglichkeit in Betracht zu ziehen. Aber ist dies auch der schnellste Weg?

Eine andere Überlegung könnte darin bestehen, das zu schwimmende Stück, wo der Lebensretter auf seine vergleichsweise geringere Schwimmgeschwindigkeit zurückgeworfen ist, so kurz wie möglich zu gestalten. Das ist der Fall, wenn der Retter unter einem 90-Grad-Winkel zur Küstenlinie senkrecht auf den Ertrinkenden zuschwimmt.

Ich bin sicher, auch Sie haben eine mathematische Intuition, also gewissermaßen einen 7. Sinn für Mathematik, der Sie zu der Einschätzung bringt, dass die beiden vorgeschlagenen Wege nicht die beste Lösung sind.

Der legendäre Physiker Richard Feynman hat es einmal so ausgedrückt: »Der direkte Weg des kürzesten Abstands enthält zu viel Wasser. Der indirekte Weg mit dem wenigsten Wasser enthält zu viel Strand. Der zeitlich schnellste Weg ist ein Kompromiss zwischen den anderen beiden Wegen und liegt irgendwo in der Mitte.«

Das sagt auch unsere menschliche Intuition, selbst wenn wir es vielleicht nicht so gut ausdrücken können wie der große Physiker. Und unsere Intuition sagt uns außerdem, jedenfalls ungefähr, wo der Punkt an der Küste liegt, den wir im Sprint ansteuern sollten und von dem aus wir schräg auf den Ertrinkenden zuschwimmen sollten.

In verschiedenen Experimenten, bei denen der Ertrinkende durch einen Ball ersetzt wurde, trafen die Probanden den optimalen Küstenpunkt fürs schnellstmögliche Bergen im arithmetischen Durchschnitt recht genau.

Ihn exakt zu berechnen ist leicht möglich, wenn man die Differenzialrechnung beherrscht. Er hängt vom Verhältnis der Lauf- und Schwimmgeschwindigkeit ab.

Noch weitaus fantastischer wäre es aber, wenn auch unsere inzwischen lieb gewonnenen Ameisen diese gedankliche Intuition besäßen, um in einem vergleichbaren Setting nicht den kürzesten, wie es sonst immer ihr Bestreben ist, sondern den schnellsten Weg zu finden,.

Eine internationale Forschergruppe um Jan Oettler hat genau das für die kleine Feuerameise *Wasmannia auropunctata* bestätigt.

Das experimentelle Setting war so angelegt: Die Ameisen mussten den Weg vom Nest zum Futter zurücklegen. Die Forscher experimentierten mit verschiedenen Materialien für beide Hälften, auf denen die Ameisen unterschiedlich schnell vorankamen: mit rauem Polyester (Ameisengeschwindigkeit 1,73 mm/s), mit glattem Polyester (2,97 mm/s) und Glas (4,89 mm/s). Der raue Polyester war also offensichtlich zu rau für schnelles Vorankommen, der glatte Polyester war zu glatt, und Glas hatte offenbar die richtige Griffigkeit.

Aus diesen drei Materialien wurden jeweils zwei für ein experimentelles Setting ausgewählt. Aufgrund der Geschwindigkeiten der Ameisen auf den verwendeten Materialien und dem Abstand zwischen Nest und Futter berechneten die Wissenschaftler den Winkel, unter dem die Ameisen an der Schnittstelle der Materialien von einer Hälfte zur anderen übertreten müssten, sofern sie Fermats Prinzip des schnellsten Weges befolgen würden. Physikalisch gesehen ist das eine Anwendung des Snelliusschen Gesetzes. Mathematisch gesehen ist es Trigonometrie. Die Physiker sprechen vom Brechungswinkel und vom Refraktionsgesetz.

Kaum zu glauben: Die Ameisen verhielten sich dem Refraktionsgesetz entsprechend und wählten nicht den direkten, sondern ganz annähernd den schnellsten Weg zum Futter.

Man kann sich vorstellen, wie baff die Wissenschaftler gewesen sein müssen, als ihre Ameisenkolonie fast genau unter dem physikalischen Brechungswinkel an der Schnittstelle von einem Untergrund zum anderen abzweigte. Auch Ameisen sind Situationisten. Aber wie haben diese kleinen Tierchen mit ihren 200 000 Neuronen diese intellektuelle Meisterleistung vollbracht? Sie kannten also offenbar Fermats Prinzip lange vor Fermat.

Die Vorgehensweise der Ameisen bestand auch hier wieder darin, flüchtige Pheromonspuren zu setzen. Außerdem wurden Arbeitsameisen, also Späher, auf zahlreichen Routen zum Futter losgeschickt, die dann ihre gewonnenen Erfahrungen der Kolonie mitteilten. Pfade der ganzen Kolonie wurden nur aufgrund der Berichte der Späher adjustiert. Man kann davon ausgehen, dass diese Späher über eine Art von Schrittzähler verfügen, wie er auch schon für andere Ameisenarten nachgewiesen wurde.

Wenn Sie also einen Ertrinkenden retten müssen und Ihre Intuition plötzlich weg ist, fragen Sie sich, was würden Fermat oder das Licht jetzt machen. Oder ein Ensemble Ihrer Lieblingsameisen.

Denkpause: Dreiecksbeziehungen

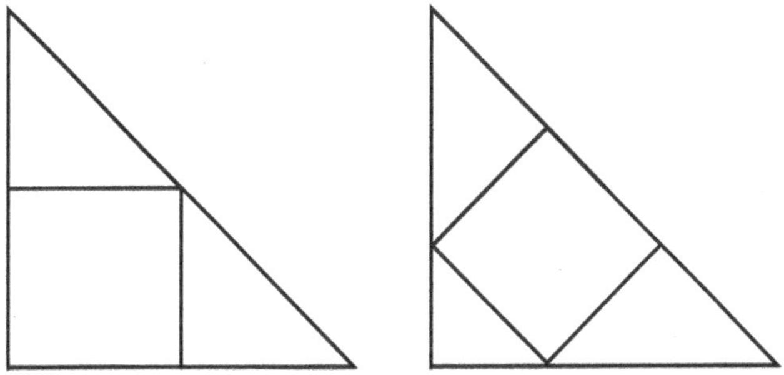

Abb. 6: *Identische Dreiecke*

Die beiden Dreiecke sind identisch. In beiden ist jeweils ein Quadrat eingezeichnet, aber auf verschiedene Arten. Welches Quadrat ist größer? Oder sind sie gleich groß? Wenn Sie einen Hinweis möchten, könnten die folgenden Hilfslinien nützlich sein.

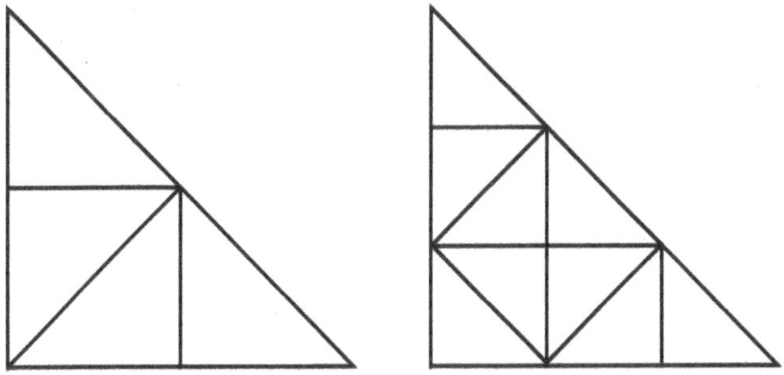

Abb. 7: *Identische Dreiecke mit Hilfslinien*

Anhand der Hilfslinien arbeiten wir mit dem algorithmischen Teile-und-herrsche-Prinzip.

Jede Figur wird durch einige Strecken in ein Gitter von kleinen Dreiecken zerlegt. In jeder der Figuren sind die jeweils kleineren Dreiecke, die das große Dreieck bilden, gleich groß. Aus der linken Figur ist zu entnehmen, dass das eingezeichnete Quadrat genau zwei Viertel der Fläche des großen Dreiecks einnimmt. Der rechten Figur ist zu entnehmen, dass das eingezeichnete Quadrat genau vier Neuntel der Fläche des großen Dreiecks einnimmt. Damit ist das linke Quadrat etwas größer.

Und die Moral dieser Dreiecksbeziehung: Clevere und zugleich einfache Hilfsmittel, die ein Dreiecksbeziehungsproblem in kleinere Dreiecksprobleme zerlegen, können eine entscheidende Hilfestellung sein. Man muss nur draufkommen.

Die Vermessung der Denktiefe

Rosemarie Nagel hat in Kooperation mit dem Wirtschaftsnobelpreisträger und Mathematiker Reinhard Selten in der Novemberausgabe 1997 der Zeitschrift *Spektrum der Wissenschaft* die Leserinnen und Leser eingeladen, eine beliebige Zahl zwischen 0 und 100 einzusenden. Wer mit seiner Zahl dem Zahlenwert von zwei Dritteln des Durchschnitts aller eingesendeten Zahlen am nächsten käme, würde einen Preis in Höhe von 1000 D-Mark erhalten.

Mir kam der Gedanke, dieses Zahlenwahlspiel zu verwenden, um den Grad der Denktiefe einer Gruppe von Menschen zu messen.

Und das geht so: Gehen wir einmal davon aus, dass jeder Mitspieler sehr schlau und vollkommen rational ist und erstens weiß, dass auch jeder andere Mitspieler sehr schlau und vollkommen rational ist, und zweitens weiß, dass jeder weiß, dass jeder sehr schlau und vollkommen rational ist, und drittens weiß, dass jeder weiß, dass jeder weiß, dass jeder sehr schlau und vollkommen rational ist, und so weiter, ad infinitum.

In der Spieltheorie bezeichnet man diese Wissensarchitektur als gemeinsames Vorwissen. Gemeinsames Vorwissen besteht aus Informationen, die erstens jeder Spieler besitzt und von denen zweitens jeder Spieler auch weiß, dass diese Informationen alle Mitspieler besitzen, und drittens, dass auch allen bekannt ist, dass jeder weiß, dass diese Informationen allen bekannt sind usw. Das ist eine wechselseitig zwischen allen Spielern verschachtelte Informationsstruktur über unendlich viele Stufen des Wissens hinweg.

Auf das Zahlenwahlspiel angewendet, bedeutet diese Annahme vollkommener Rationalität und unendlich verschachtelter Denktiefe, dass Ihr bester Schätzwert beim Zahlenwahlspiel eine gewisse Zahl P ist. Da P die rationale Schätzung ist, wird jeder Mitspieler bei unendlicher Denktiefe P als Schätzwert angeben. Der Durchschnitt aller Schätzwerte wäre also auch P. Das aber würde bedeuten, dass die beste Schätzung $\frac{2P}{3}$ sein muss, denn es geht ja darum, zwei Dritteln des Durchschnitts besonders nahe zu kommen. Aus diesen Überlegungen ergibt sich nun die Gleichung

$$P = 2P/3$$

Mit der offensichtlichen Lösung $P = 0$.
Das ist die rationale Schätzung bei allseits rationalen Spielern und gemeinsamem Vorwissen mit unendlicher Denktiefe.
Ist irgendeine dieser Annahmen nicht erfüllt, etwa dadurch, dass die Mitspieler im Schnitt nur eine begrenzte Denktiefe haben, dann wird im Mittel die Schätzung aller Spieler nicht der Wert 0 sein, sondern je nach durchschnittlicher Schlauheit der Gruppe und durchschnittlicher Denktiefe teils mehr oder weniger darüber liegen.
Einige Kategorien lassen sich unterscheiden:

Optimaler Schätzwert zwischen	**Durchschnittliche Rationalität und Denktiefe der Gruppe**
0 bis ausschließlich 10	Extrem schlaue Gruppe mit sehr großer Denktiefe und sehr geringer Irrationalität
10 bis ausschließlich 20	Schlaue Gruppe mit beachtlicher Denktiefe und geringer Irrationalität
20 bis ausschließlich 30	Moderat schlaue Gruppe mit befriedigender Denktiefe, aber beachtlicher Irrationalität
30 bis ausschließlich 40	Wenig schlaue Gruppe mit geringer Denktiefe, aber sehr großer Irrationalität
40 bis ausschließlich 50	Nicht schlaue Gruppe fast ohne Denktiefe, aber fast vollständiger Irrationalität
50 bis 66,7	Gänzlich unschlaue Gruppe ohne Denktiefe, aber vollständiger Irrationalität

An dem von Nagel und Selten durchgeführten Experiment nahmen 2728 Personen teil. Der Durchschnitt aller genannten Zahlen lag bei 22,08. Zwei Drittel davon sind 14,72. Das deutet auf eine im Schnitt recht kompetente Gruppe von Teilnehmern hin.

Gut zu wissen: Die Milchmädchenrechnung mit dem Finger-Abakus

Anna Schnasing war ein »Bolle-Mädchen«, wie die weiblichen Angestellten des Berliner Molkereibesitzers Carl Bolle vor etwa 150 Jahren genannt wurden. Die Bolle-Mädchen waren zuständig fürs Milchaustragen und Kassieren. Gerade das Kassieren stellte aber für Anna eine Herausforderung dar, denn sie beherrschte das kleine Einmaleins nur schlecht und konnte nur Zahlen bis 5 addieren und multiplizieren. Deshalb wurde sie von den Kunden oft beschummelt. Der Ausdruck »eine Milchmädchenrechnung machen« bezieht sich deshalb auf sie.

Nach einem Besuch bei ihrem Onkel änderte sich das aber. Von da an machte sie keine Fehler mehr beim Abkassieren. Der Onkel hatte ihr nämlich eine einfache Art der Fingermultiplikation beigebracht. Sie soll am Beispiel 7 · 8 vorgeführt werden.

Für die Zahl 7 müssen nacheinander zuerst die Finger der linken Hand ausgestreckt und dann bis 7 zählend wieder eingezogen werden. Die 7 wird also durch drei ausgestreckte Finger an der linken Hand dargestellt. Ähnliches wird für die 8 ausgeführt, die durch 2 ausgestreckte Finger an der rechten Hand dargestellt wird.

Das Ergebnis der Multiplikation wird dann so abgelesen: Die Einerstelle ist das Produkt der gestreckten Finger an beiden Händen, also $2 \cdot 3 = 6$, falls nötig mit Übertrag. Die Zehnerstelle ist die Summe aller eingezogenen Finger, also $2 + 3 = 5$. Demnach ist das Ergebnis 56. Der Vorteil der Methode besteht darin, dass sie die Multiplikationen von Zahlen im Bereich von 5 bis 9 auf solche im Bereich von 1 bis 5 zurückführt.

Carl Bolle war von Anna Schnasings fehlerfreiem Abkassieren derart beeindruckt, dass er ihr zuerst eine angesehene Stellung in der Buchhaltung anbot und sie später sogar zur Directrice beförderte.

Ein Mathematiklehrer, der zu den Kunden Annas zählte und durch genaue Beobachtung Annas Finger-Abakus entschlüsseln konnte, war offenbar ebenfalls angetan von ihrer Methode, denn er veröffentlichte einen Beitrag mit dem Titel »Algebraische Fingerfertigkeiten«.

Beweise ohne Information

Mit unserem Wissen ist das so eine Sache. An den beiden Fragen, was Wissen ist und welche Arten des Wissens es gibt, haben sich schon viele kleine und große Denker versucht. So auch einst Donald Rumsfeld.

Auf einer Pressekonferenz am 12. Februar 2002 erklärte der damalige US-amerikanische Verteidigungsminister: »Wie wir wissen, gibt es Dinge, von denen wir wissen, dass wir sie wissen. Wir wissen auch, dass es Dinge gibt, die wir nicht wissen. Aber es gibt auch Dinge, von denen wir nicht wissen, dass wir sie nicht wissen.«

Soweit Donald Rumsfeld, der damit die Frage eines Journalisten zu den Atomwaffen im Irak beantwortete.

Für diese Erörterung der verschiedenen Arten des Wissens wurde Rumsfeld übrigens von einer britischen Organisation von Sprachwissenschaftlern mit dem Preis für die »Unsinnigste Aussage des Jahres 2002« ausgezeichnet.

Ich möchte da widersprechen, denn Rumsfelds politische Einlassung über die Kategorien des Wissens ist alles andere als unsinnig, vielmehr mutet sie fast schon philosophisch an und könnte durchaus in einem Buch mit Zen-Weisheiten stehen.

Allerdings muss Rumsfelds Aufzählung noch um eine besondere Wissenskategorie erweitert werden: um das Null-Wissen, oder Zero-Knowledge. Dabei handelt es sich um Wissen, von dem wir ganz sicher wissen, dass es eine andere Person hat (weil sie es uns bewiesen hat), wir aber trotz ihres Beweises, dass sie das behauptete Wissen hat, nicht wissen, um welches Wissen es sich handelt.

Sie denken, diese Art von Wissen gibt es nicht?

Doch, doch!
Stellen wir das Setting einmal anders dar. Die Grundsituation ist die, dass jemand etwas weiß. Die Person will uns überzeugen, dass sie dieses Wissen besitzt. Das könnte sie einfach dadurch tun, dass sie uns ihr Wissen mitteilt. Dann aber besitzen auch wir dieses Wissen. Genau das möchte unser Gegenüber allerdings vermeiden. Sie möchte die einzige Person bleiben, die ihr Wissen besitzt. Trotzdem möchte sie, dass wir wissen, dass sie dieses exklusive Wissen besitzt.
Für diese Person gilt es also, eine Methode zu finden, die uns beweist, dass sie ihr Wissen besitzt, aber so, dass sie uns bei diesem Beweis keinerlei Details über ihr Wissen mitteilt.
Das hört sich kompliziert an. Und lange Zeit galten solche Verfahren, die zwar einen Wissensbeweis erbringen, aber gleichzeitig kein Wissen transportieren, als unmöglich. Bis Null-Informations-Verfahren am Horizont erschienen. Dann war es plötzlich ein Kinderspiel.
Diese auch als Zero-Knowledge-Verfahren bezeichneten Beweise werden in der modernen digitalisierten Welt immer wichtiger. Sie basieren, wie könnte es anders sein, auf filigraner Mathematik. Denn Mathematik hat die Gabe, unmöglich Erscheinendes möglich zu machen.
Wie also können wir mithilfe der Mathematik jemanden davon überzeugen, dass wir im Besitz einer Information sind, ohne dem anderen diese Information mitteilen zu müssen?
Das Problem stellt sich zum Beispiel bei Authentifizierungen, wenn es darum geht, einen Identitätsbeweis anzutreten, indem wir die Kenntnis eines geheimen Passwortes demonstrieren, ohne dem Gegenüber dieses Passwort nennen zu müssen. Damit wird verhindert, dass dieser in Zukunft mit unserer Identität auftreten kann.
Diese Verfahren erfordern den Transport dessen, was wir oben als Null-Wissen bezeichnet haben. Über den Beweis

der eigenen Kenntnis des Passwortes hinaus soll ein solches Verfahren keine weitere Information an die andere Person übermitteln.
Solche Zero-Knowledge-Verfahren beweisen etwas. Sie vermitteln Information, aber irgendwie auch nicht. Sie nehmen den Wissenstransfer gewissermaßen völlig frei schwebend im luftleeren, informationslosen Raum vor.
Wie das genau funktioniert, ist abstrakt schwer vorstellbar. Deshalb hier ein einfaches Beispiel.

Es ist ein trickreiches Zero-Knowledge-Verfahren für eine ganz bodenständige Angelegenheit: Sudoku.
Sudoku wurde 1979 erfunden. Nicht jedoch in Japan, wie man aufgrund des Namens vermuten könnte, sondern in den USA. In Japan wurde es kurz darauf zu einem Hype (und bekam auch dort seinen heutigen Namen), bevor es von dort aus um die Welt ging.
Sudokus sind unverwechselbar. Jedes Sudoku besteht aus insgesamt 81 quadratisch angeordnete Kästchen. Die 81 Felder sind in 9 Zeilen mit je 9 Kästchen angeordnet. Und es ist auch richtig zu denken, dass die 81 Felder 9 kleine 3 × 3-Blöcke bilden.
In einigen der 81 Felder sind schon Ziffern eingetragen. Die sind als Vorgaben zu betrachten. Bei einem Sudoku treten in der Regel zwischen 20 und 30 Vorgaben auf. Je weniger Vorgaben es gibt, desto schwerer ist das Sudoku zu lösen. Denn alle Felder müssen unter Beachtung der zwingenden Vorgaben so ausgefüllt werden, dass in jeder Zeile, in jeder Spalte und in jedem 3 × 3-Block jeweils die Ziffern 1 bis 9 je einmal vertreten sind.
Nachdem wir, vielleicht überflüssigerweise, geklärt haben, was ein Sudoku ist, schauen wir uns einen kleinen Vater-Tochter-Wettstreit an.

Auf ein Startsignal fangen beide an, das gleiche Sudoku unabhängig voneinander zu lösen. Es geht bei dem Wettstreit, wie so häufig, ums Taschengeld. Die Tochter möchte mehr haben, der Vater weniger geben.
Plötzlich ruft der Vater: »Ich bin fertig! Ich habe es gelöst.«
Der Vater will aber nicht einfach die Lösung zeigen, um seiner Tochter nicht den Spaß an der Lösungssuche zu nehmen. Dennoch möchte er seiner Tochter beweisen, dass er die Lösung gefunden hat.
Der Vater schlägt deshalb einen Zero-Knowledge-Beweis vor. Er bereitet 81 Kärtchen vor, welche die Zahlen von 1 bis 81 auf der einen Seite tragen und zeilenweise von oben links bis unten rechts fortlaufend angeordnet werden. Diese Seite der Kärtchen ist die Nummerierungsseite der Kärtchen und nummeriert die Felder des Sudokus von 1 bis 81 durch.
Der Vater legt die Karten für die Felder des Sudokus entsprechend der Nummerierung und trägt dann auf der anderen Seite der Kärtchen jeweils die Lösungsziffer des entsprechenden Feldes ein, auf dem die Karte liegt. All dies geschieht, ohne dass die Tochter es sehen kann.
Erst jetzt kann die Tochter beginnen. Als Erstes überprüft sie, ob der Vater die Nebenbedingungen eingehalten hat. Um das zu tun, dreht die Tochter alle Karten, die auf den vom Sudoku vorgegebenen Ziffern liegen, und überzeugt sich, ob sich auf ihrer Unterseite jeweils die vorgegebene Ziffer findet. Ist das der Fall, dann ist so weit alles okay. Die Nebenbedingungen der Lösung wurden erfüllt.
Es ist klar, dass diese Überprüfung der Tochter kein Wissen vermitteln konnte, das über die Nebenbedingungen hinausgeht. Und die Nebenbedingungen kannte die Tochter schon vorher.
Nun müssen noch die eingesetzten Lösungsziffern überprüft werden. Dazu nimmt der Vater die neun Karten der ersten

Zeile und gibt sie in einen Beutel, der anschließend zum Mischen geschüttelt wird. Dann legt er diese neun Karten mit der Lösungsseite nach oben und der Nummerierungsseite nach unten aus. Die Nummerierungsseite darf von der Tochter nicht gesehen werden, denn jeder erfolgreiche Blick auf die Nummerierungsseite zusammen mit der Kenntnis der Rückseite vermittelt Wissen, aber der Vater will ja keine Information preisgeben.

Jetzt kann sich die Tochter überzeugen, ob auf den neun Karten alle neun Ziffern vertreten sind. Da sie in keinem Fall die Nummerierungsseite sieht, erfährt sie auch nichts über die Platzierung dieser Ziffern in der ersten Zeile. Allein die Tatsache wird bestätigt, dass der Vater alle neun Ziffern in dieser ersten Zeile verwendet hat.

Damit ist zwar nur ein kleiner Teil des Beweises erbracht, aber das Beweisprinzip ist schon klar. Nun werden alle Kärtchen entsprechend der Nummerierungsseiten auf die Felder der ersten Sudoku-Reihe zurückgelegt, aber so, dass die Tochter die Lösungsseite nicht sehen kann … genau. Sie wissen es schon, wegen *zero knowledge.*

Nun wird dasselbe Verfahren für jede andere Zeile wiederholt, dann für alle neun Spalten und schließlich für jeden der 3 × 3-Blöcke. Nach jeder Prüfung werden alle Karten entsprechend der Nummerierungsseiten wieder an ihre Positionen gelegt.

Ist das alles zur Zufriedenheit des Vaters verlaufen, dann kann auch die Tochter nicht anders, als einzugestehen, dass der Vater die Lösung gefunden hat. Aber die Tochter ist um keinen Deut schlauer, was die Lösung betrifft.

Sind Sie ein Hacker?

Sie können die Frage mit einem Ja beantworten, wenn eine oder mehrere dieser Bedingungen erfüllt sind:

1. Wenn Sie jemand ärgert, beträgt dessen nächste Telefonrechnung 100 000 Euro.
2. Sie träumen im HTML-Format.
3. Sie lächeln seitlich :-)
4. Sie versuchen, ein Zimmerfenster durch Drücken an der oberen rechten Ecke zu schließen.
5. Ihre Kinder heißen Unix und Linux.
6. Beim Ausschalten Ihres Computers ergreift eine so große Leere Besitz von Ihnen, als wäre ein Teil von Ihnen gelöscht worden.
7. Sie haben Ihren Therapeuten so computersüchtig gemacht, dass er sich jetzt zum Programmierer umschulen lässt.
8. Sie haben bis hierher gelesen und nicht gelacht.

Denkpause: Eine kurvenreiche Autofahrt

In einer Stadt verlaufen alle Straßen gitterförmig zueinander senkrecht. Während einer Fahrt in der Stadt wird keine Kreuzung zweimal befahren. Die Fahrt endet in der Straße, in der sie begann. Wenn sie insgesamt 42 Linkskurven beinhaltete, wie viele Rechtskurven kann sie dann höchstens gehabt haben?

Antwort:

Die Fahrerin muss offensichtlich eine fast geschlossene Route auf dem Gitter zurückgelegt haben. Um das zu erreichen, müssen die Winkeländerungen in Fahrtrichtung sich zu einem Vielfachen von 360 Grad addieren, entweder im Uhrzeigersinn oder gegen den Uhrzeigersinn. Das beinhaltet vier Rechtskurven mehr oder weniger als Linkskurven. Damit ist die größtmögliche Anzahl der gefahrenen Rechtskurven 42 + 4 = 46.

Das Doppelspalt-Experiment

Nun geht es um eines der wichtigsten physikalischen Experimente: das Doppelspalt-Experiment. In einer Umfrage der international renommierten Fachzeitschrift *Physics World* wählten es die Leser sogar zum schönsten Experiment aller Zeiten. Wie auch immer: Es ist das experimentelle Herzstück der gesamten Quantentheorie. Und da wir später die Funktionsweise von Quantencomputern kennenlernen werden, wollen wir uns zur Vorbereitung darauf mit diesem Experiment beschäftigen.

Die Quantentheorie befasst sich mit dem Verhalten kleiner Objekte wie Photonen, Elektronen, Neutronen und noch kleinerer Teilchen, die man zusammengefasst als Quanten bezeichnet. Was die Quantentheorie über die Eigenschaften dieser kleinsten Teilchen in Erfahrung gebracht hat, ist für unsere Vorstellungskraft so widersinnig, das wir es uns in unseren kühnsten Fantasien nicht ausmalen können.

Diese Teilchen besitzen Eigenschaften, aus denen Vorhersagen über das beobachtbare Verhalten großer Systeme ableitbar sind, die sich ihrerseits als richtig erwiesen haben.

Aber greifen wir nicht vor. Beginnen wir mit einer Darstellung des Doppelspalt-Experiments.

Der Versuchsaufbau ist ziemlich einfach: Eine Quelle sendet Quanten aus. Zum Beispiel eine Lichtquelle Lichtteilchen, also Photonen, oder eine Stromquelle elektromagnetische Wellen. Diese Quanten treffen auf eine dünne Scheibe. Das Besondere an dieser Scheibe ist, dass sie für die Quanten vollständig undurchlässig ist, bis auf zwei sehr schmale benachbarte Schlitze. Das ist der Doppelspalt. Hinter dieser Scheibe mit dem Doppelspalt befindet sich ein Schirm, auf

dem die durch den Doppelspalt gelangten Quanten irgendwie registriert werden.
Wenn es sich bei den von der Quelle ausgesandten Objekten ganz klassisch um irgendwelche atomaren Teilchen handelt, also etwa um Elektronen, so sieht man auf dem Schirm zwei Streifen. Sie wirken ziemlich körnig. Die Teilchen fliegen einfach geradlinig durch einen der beiden Spalte. Oder sie treffen auf die Scheibe und werden reflektiert oder absorbiert, jedenfalls nicht durchgelassen. Die Körnigkeit der Streifen auf dem Schirm entsteht dadurch, dass der Schirm jeweils die Orte registriert hat, an denen die durch die beiden Schlitze gelangten Teilchen auf den Schirm getroffen sind. Das alles hört sich völlig plausibel an, und es erfordert von unserer Intuition keine Klimmzüge, was das Verstehen angeht.

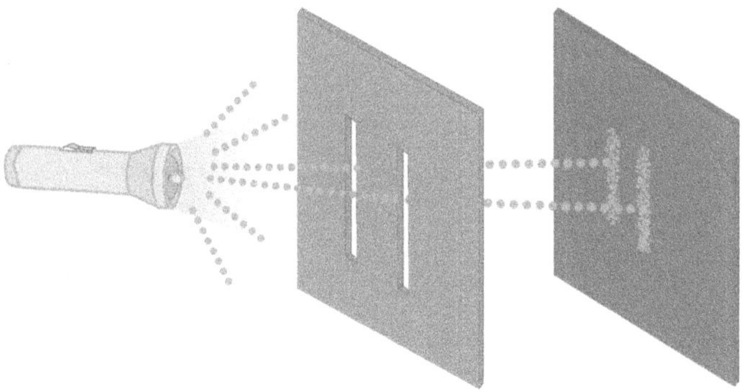

Abb. 8: *Streifenbilder, wenn Elektronen auf den Doppelspalt treffen. Es wird die Newton particle theory dargestellt.*

Wenn es sich bei den Quanten aber um elektromagnetische Wellen handelt, wiederum auch ganz klassische Wellen, so ist das Ergebnis auf dem Schirm ein ganz anderes. Wellen nämlich verhalten sich am Doppelspalt nicht wie Teilchen. Treffen Wellen mit ihren Wellenfronten auf die beiden Spal-

te, so schwingen sie in den Schlitzen, und zwar auf und ab oder hin und her. Die Schlitze werden ihrerseits zu zwei nahezu punktförmigen Quellen, die jeweils Wellen aussenden, welche sich auf den Weg zum Schirm begeben.
Auf dem Weg dorthin kommt es zu Überlagerungserscheinungen. Es ist ein Beugungsmuster nach Art der folgenden Abbildung 9 zu erkennen. Die Schlitze fungieren jetzt selbst als Ursprungsorte für Wellen.
Die durch die beiden Schlitze dringenden Wellen tun das, was Wellen nun einmal tun. Sie wechselwirken miteinander. Der Fachbegriff dafür ist Interferenz oder Beugung. Konkret bedeutet dies: Die Wellen verstärken sich gegenseitig an gewissen Stellen, und an einigen anderen Stellen heben sie sich vollständig auf. Wenn Sie gleichzeitig zwei Steine nahe beieinander in einen See mit ruhender Oberfläche werfen und die entstehenden Wasserwellen beobachten, dann wissen Sie, was ich meine.

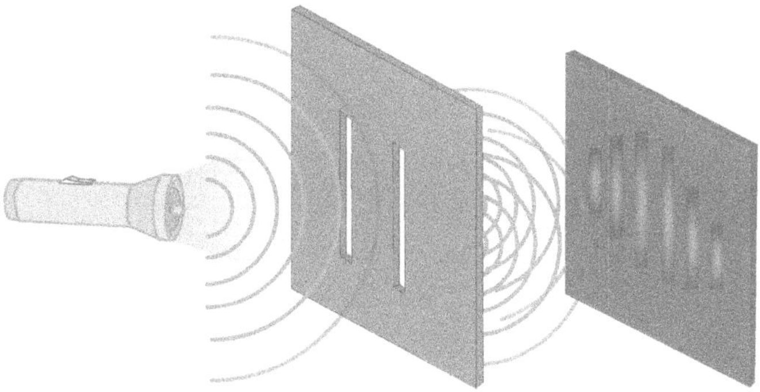

***Abb. 9:** Klassische Wellen am Doppelspalt*

Auf dem Schirm gibt es helle Stellen und dunkle Stellen im Wechsel. Die hellen Stellen sind da, wo sich die beiden Wellen verstärkt haben. Wo sie sich aufgehoben haben, zeigt der Schirm keine Reaktion und bleibt dunkel. Zudem ist das

Erscheinungsbild der Streifen nicht körnig, wie es zuvor bei den Elektronen der Fall war. Vielmehr wechseln die Lichtverhältnisse auf dem Schirm kontinuierlich.
Auch das ist nicht weltbewegend, da sich elektromagnetische Wellen ganz allgemein nun einmal so verhalten, wie wir es von Wasserwellen im Alltag kennen. Und insofern entspricht auch hier das Ergebnis exakt unserer Alltagserfahrung.
Jetzt aber wird unsere Alltagsintuition heftig strapaziert, indem wir auf den Doppelspalt nicht klassische Teilchen oder klassische Wellen schicken, sondern Quantenobjekte. Lichtteilchen zum Beispiel. Dann beobachten wir etwas, das Aspekte der Abbildungen 8 und 9 enthält.
Einerseits sehen wir auf dem Schirm einen Wechsel von hellen und dunklen Stellen wie bei einer Beugung. Das deutet darauf hin, dass sich die Quanten wie Wellen verhalten, die sich teils verstärken, teils aufheben. Aus dieser Beobachtung kann man den Schluss ziehen, dass die Quanten den Charakter von Wellen haben.
Schickt man diese Quantenobjekte nun eines nach dem anderen Richtung Schirm, könnte man sich anschließend fragen, durch welchen der beiden Spalte jedes einzelne Quantum denn nun gegangen ist. Das scheint eine einfache Frage zu sein. Doch jeder Versuch, eine Antwort auf diese Frage zu finden, ist bisher gescheitert. Und zwar, weil Licht sich hier wie eine Welle verhält, die mit sich selbst interferiert.
Andererseits sieht man aber etwas, das nicht in die Wellenvorstellung passt: Es ist die für Teilchen typische Körnigkeit des Beugungsmusters, die anzeigt, dass die Quanten jeweils an lokalisierbaren Punkten auf dem Schirm auftreffen. Es muss sich bei ihnen um ein Ensemble von einzelnen, nahezu punktförmigen Teilchen handeln. Bei Wellen wäre das Beugungsmuster kontinuierlich. Die Körnigkeit der Streifen

deutet darauf hin, dass sich die Quanten wie ein klassisches Teilchen verhalten.

Doch wandert dieses Objekt, das sich einerseits teilchenartig verhält, nicht geradlinig durch den Spalt hindurch. Die Streifen sind ja nicht nur hinter den beiden Schlitzen. Die Objekte können nach links oder rechts abbiegen und somit nicht nur hinter einem der beiden Spalte auf dem Schirm den Auftreffpunkt erzeugen. Sie zeigen die Eigenschaft der Beugung, wie es auch Wellen tun würden.

Diese Situation nennt man Welle-Teilchen-Dualismus.

Quanten verhalten sich also einerseits wie Wellen und andererseits wie Teilchen. Doch traditionelles Wissen sagt, nur das eine oder das andere sei möglich. Man kann nicht gleichzeitig Teilchen und Welle sein.

Doch! Sagt die Quantentheorie. Und das ist das fundamental Neue und Widersinnige daran. Es lässt unsere bisherigen Annahmen so ins Schleudern geraten, dass wir mit unserem traditionellen Verständnis aus der Kurve fliegen.

Greifen wir noch einmal eine frühere Überlegung auf: Bisher sind, wie gesagt, alle Bemühungen fehlgeschlagen, die feststellen wollten, durch welchen der beiden Spalte ein Quantenteilchen gegangen ist. Quanten lassen sich dieses Geheimnis nicht entlocken, und wenn man versucht, sie auszutricksen, dann tricksen sie zurück. Wenn man etwa einen der beiden Spalte langsam verschließt, dann weiß man ja, durch welchen Spalt die Teilchen gehen müssen. Doch dann wird man feststellen, dass das Beugungsmuster auf dem Schirm verloren geht und nur ein Streifen sichtbar ist. Die Teilchen benehmen sich dann so, als hätten sie ihren Wellencharakter verloren.

Es ist also ganz offenbar so, dass ein Quantenteilchen, wenn es durch einen Spalt hindurchgeht, beide Öffnungen zugleich irgendwie »spürt«, und nur wenn der andere Spalt

auch da ist, wird es sein Beugungsmuster auf dem Schirm erscheinen lassen.
Neuere Experimente haben darüber hinaus gezeigt, dass bei einem allmählichen Übergang des Doppelspaltes in nur einen einzigen Spalt auch ein allmählicher Übergang des Wellencharakters der Quanten in den Teilchencharakter zu beobachten ist.
Jetzt versteht man, was Richard Feynman gemeint haben könnte, als er sagte, man könne die Quantentheorie nur dann verstehen, wenn man an ihr verrückt wird.
Nach diesem ausgedehnten Vorspiel stellt sich nun diese Frage: Hat das Ganze vielleicht etwas mit Zufall zu tun?
Versuchen wir, uns langsam in Richtung einer Antwort auf diese Frage zu bewegen.
Im 19. Jahrhundert war die vorherrschende Denkweise unter Wissenschaftlern die, dass es für jeden Vorgang eine Ursache gibt. Ohne Ursache keine Wirkung. Eine konkrete Ursache, sofern alles andere gleich bleibt, wird auch immer ein und dieselbe Wirkung hervorrufen.
Seit der ausgiebigen Untersuchung der Radioaktivität weiß man aber, dass sich der Zerfall radioaktiver Atome spontan vollzieht, ohne eine bestimmbare Ursache.
Am Doppelspalt-Experiment haben wir zudem gesehen, dass Quantenteilchen mehr als nur einen Zustand gleichzeitig annehmen können. Die Quantenmechaniker sprechen von einer Überlagerung mehrerer Zustände. Zudem können sich Zustände überlagern, die nach unserer Einschätzung eigentlich völlig unvereinbar sind, ja sich gegenseitig ausschließen. Quantenobjekte können gleichzeitig im Zustand *wellenförmig* und *teilchenartig* sein, Atome können gleichzeitig im Zustand *zerfallen* oder *nicht zerfallen* sein.
Das ist eine radikale Änderung gegenüber unserer Alltagsvorstellung. Im Alltag sind wir es gewohnt, den Dingen ein-

deutig festgelegte Eigenschaften zuzuordnen. Auf der Ebene des atomar Kleinen muss man sich von dieser Eindeutigkeit und Klarheit verabschieden. In der Welt der Quanten kommt den Objekten typischerweise mehr als eine von einander ausschließenden Eigenschaften zu.

Experimentell beobachten lässt sich diese Überlagerung aber nicht. Diese Nicht-Beobachtbarkeit liegt nicht am Versagen von Messgeräten, sondern hat prinzipielle Gründe. Um gemessen zu werden, muss das Quantenobjekt in Kontakt mit einem Messgerät gebracht werden. Und allein dieser Kontakt führt dazu, dass die Überlagerung der verschiedenen Zustände aufgehoben wird.

Wie können wir das Wissen über diese Systeme mit überlagerten Zuständen erfassen?

Hierfür haben Physiker das mathematische Konstrukt der Wellenfunktion entwickelt. Alles, was wir über ein Quantensystem wissen können, ist in der Wellenfunktion des Quantensystems enthalten.

Wenn man zu irgendeinem beliebigen Zeitpunkt die Wellenfunktion eines Quantensystems kennt, dann ist daraus die Wellenfunktion zu allen anderen Zeitpunkten berechenbar. Die zeitliche Entwicklung der Wellenfunktion ist dann vorherbestimmt.

Der Messvorgang zwingt das System in einen eindeutigen Zustand. Das System wählt aus der Gesamtheit aller überlagerten Zustände einen einzigen als Wirklichkeit aus. Eine der Quanten-Möglichkeiten wird dann beobachtbare Realität. Und dieser Übergang von der Vielfalt zum Einzigen erfolgt zufällig!

Jedenfalls haben wir kein Wissen darüber, nach welchen Prinzipien dieser Auswahlvorgang vor sich geht. Das ist der sogenannte Quantenzufall. Die Messung bringt das System in Tuchfühlung mit etwas, das wesentlich größer ist als die

Größenordnung der Welt der kleinsten Objekte, in der Quanteneffekte auftreten. Allein zum Zeitpunkt der Messung gilt die Eindeutigkeit unserer Alltagserfahrung.
Im Überlagerungszustand vor der Durchführung des Messvorgangs gibt es keinen Zufall. Sich selbst überlassene Quantensysteme pflegen die Pluralität der Zustände.
Wenn unsere Welt so gebaut wäre, dass jedes Ereignis eine Ursache hat, dann hätten wir keinen wirklichen Zufall. Dann wäre das, was wir Zufall nennen, einfach nur zurückzuführen auf einen Mangel an Information. Zufall würde dann auf der zumindest teilweisen Unkenntnis der gesamten Ursachenkonstellation beruhen.
Ein Beispiel ist der Ausgang beim Würfelwurf, den wir ohne weiteres Wissen als zufällig taxieren. Der Würfelwurf ist aber bei Kenntnis aller physikalischen Größen der Wurfsituation vorherbestimmt, etwa Abwurfgeschwindigkeit und Rotationsfrequenz der Würfel, Beschaffenheit des Untergrunds etc. Sein Ausgang ist von einem mit diesem Wissen und den physikalischen Bewegungsgesetzen ausgerüsteten Computer prinzipiell berechenbar. Vorherbestimmtheit und Vorausberechenbarkeit sind das Gegenteil von Zufall.
In der Welt der Quanten gibt es aber beim Messen und dem Übergang von der Überlagerung vieler Zustände zur Auswahl eines Zustandes als Realität keine Ursache und keine Vorherbestimmtheit. Diese Auswahl ist vom Zufall bestimmt, eben jenem Quantenzufall.

»Gott würfelt nicht«, sagte einst Albert Einstein in seiner Kritik an der Quantentheorie. Doch das stimmt nicht: Gott würfelt sehr wohl. Aber spielt er auch gern Memory? Ist alles, was passiert, die ewige Wiederkehr des Gleichen? Das wissen wir nicht.

Abb. 10: *Gott spielt Memory –*
Zeichnung von Alex Balko nach Ideen des Autors

Es gibt also verschiedene Arten des Zufalls. Eine geworfene Münze zeigt den Zustand Kopf oder Zahl. Wäre die Münze von atomarer Größenordnung und den Gesetzen der Quantentheorie unterworfen – nennen wir sie einmal Quantentaler –, dann wäre sie, bevor jemand durch Messung ihren Zustand misst, gleichzeitig in beiden Zuständen. So verrückt ist die Welt, in der man lebt, wenn man Quantenphysiker ist.

Denkpause: Gerade & ungerade

Der Schachgroßmeister gibt seinen Schülern sechzehn Bauern, acht davon sind schwarz, und die anderen acht sind weiß. Ferner gibt er ihnen drei Beutel für die Figuren. Dann stellt er ihnen die Aufgabe, die sechzehn Bauern in einer solchen Weise in die drei Beutel zu stecken, dass die folgenden drei Bedingungen erfüllt sind.

1. Jeder Beutel sollte eine ungerade Anzahl von Bauern enthalten.
2. Jeder Beutel sollte eine ungerade Anzahl von schwarzen Bauern enthalten.
3. Jeder Beutel sollte eine gerade Anzahl von weißen Bauern enthalten.

Ist diese Herkulesaufgabe lösbar?
Falls ja, wie geht es? Falls nein, können Sie die Unmöglichkeit beweisen? Denken Sie kurz nach!

Die Wahrheit ist: Die Aufgabe ist lösbar, aber die Umsetzung erfordert einen cleveren Herkules. Er steckt zuerst einen schwarzen Bauern und vier weiße Bauern in Beutel 1. Dieser Beutel enthält fünf Bauern, also eine ungerade Anzahl, einer davon ist schwarz, ebenfalls eine ungerade Anzahl. Die anderen vier sind weiß, und das ist eine gerade Anzahl. Dieser Beutel erfüllt alle drei Bedingungen.
Nun zum zweiten Beutel. Der clevere Herkules steckt in diesen Beutel drei schwarze Bauern und zwei weiße Bauern. Auch der Inhalt dieses Beutels erfüllt alle drei Anforderungen.

Jetzt wird es schwierig bzw. eigentlich sogar schlicht unmöglich: Denn es verbleiben nur noch ein Beutel sowie vier schwarze und zwei weiße Bauern. Es scheint, wir sind buchstäblich in eine Sack-Gasse geraten.

Doch Herkules wäre nicht clever, wenn er nicht den entscheidenden Gedankenblitz hätte: Herkules steckt den ganzen zweiten Beutel – plus Inhalt – zusammen mit den noch übrig gebliebenen vier schwarzen Bauern und zwei weißen Bauern in Beutel drei. Dann erfüllt auch dieser dritte Beutel alle drei Anforderungen. Geschafft!

Harshad-Zahlen

Die 1729 ist eine ganz besondere Zahl. Sie kann glatt durch ihre eigene Quersumme geteilt werden, denn 1 + 7 + 2 + 9 = 19, was sie zu einer sogenannten Harshad-Zahl macht. Hier noch für alle an Teilbarkeitsfragen Interessierten ein wichtiger Hinweis, um festzustellen, wann eine Zahl durch 19 teilbar ist: Die letzte Ziffer der Zahl muss entfernt werden. Zur verbleibenden Zahl muss zweimal die entfernte Zahl hinzuaddiert werden. Ist die so entstehende Prüfzahl durch 19 teilbar, dann ist auch die Ursprungszahl durch 19 teilbar. Kann man es der Prüfzahl immer noch nicht ohne Weiteres ansehen, ob sie durch 19 teilbar ist, kann das Verfahren wiederholt werden.

Wenden wir die Teilbarkeitsregel auf die Zahl 1729 an. Die Prüfzahl errechnet sich zu

$$172 + 2 \cdot 9 = 190.$$

Und 190 ist als $10 \cdot 19$ offensichtlich durch 19 teilbar.

Der Begriff Harshad-Zahl wurde vom indischen Mathematiker Dattathreya Ramachandra Kaprekar (1905–1986) für die Bezeichnung dieser Zahlen eingeführt. Er ist vom Sanskrit-Ausdruck für Freude (harsha) abgeleitet. Die berühmteste Harshad-Zahl ist übrigens 6174, die sich wie ein riesiges schwarzes Loch im unendlichen Zahlenkosmos benimmt.

Die 6174 zieht vierstellige Zahlen an und lässt sie nicht mehr entweichen, wie ein schwarzes Loch es mit dem Licht macht. Alle vierstelligen Zahlen sind davon betroffen, deren vier Ziffern nicht identisch sind.

Die Anziehung findet statt im Kaprekar-Prozess, den der indische Mathematiker 1946 entdeckte. Dieser Prozess läuft folgendermaßen ab:

Nimm irgendeine vierstellige Zahl, deren Ziffern nicht alle gleich sind. Ordne die Ziffern in aufsteigender und in abfallender Reihenfolge. Erhalte zwei verschiedene Zahlen. Ziehe die kleinere von der größeren ab. Nimm diese Differenz als neue vierstellige Zahl und wiederhole den Vorgang. Nach höchstens sieben Anwendungen wird damit die Zahl 6174 erreicht. Und mit dieser Zahl ebenfalls wieder 6174.

Garantiert!

Kleines Beispiel gefällig?

Nehmen wir 7839.

Werden ihre Ziffern aufsteigend und abfallend geordnet, ergeben sich die beiden Zahlen 3789 und 9873. Ihre Differenz 9873 - 3789 führt zur neuen Zahl 6084. Das abermalige Durchlaufen der Schleife liefert die beiden durch Reihung entstehenden Zahlen 0468 und 8640 nebst ihrer Differenz 8640 - 0468 = 8172.

Dann: Reihung 1278 und 8721.
Differenz 8721 - 1278 = 7443.

Dann: Reihung 3447 und 7443.
Differenz 7443 - 3447 = 3996.

Dann: Reihung 3699 und 9963.
Differenz 9963 - 3699 = 6264.

Dann: Reihung 2466 und 6642.
Differenz 6642 - 2466 = 4176.

Dann: Reihung 1467 und 7641.
Differenz 7641 - 1467 = 6174.

Und siehe, da ist sie! Man kann ihr nicht entfliehen und kommt nicht von ihr los.

Gut zu wissen: Vermessene Sterberisiken

Von dem berühmten indischen Mathematiker Srinivasan Ramanujan ist bekannt, dass er so intensiv Mathematik betrieb, dass er dadurch seiner Gesundheit, die zeitlebens ohnehin angeschlagen war, zu wenig Aufmerksamkeit schenkte und des Öfteren sogar seine Ernährung vergaß. Das dürfte mit dazu beigetragen haben, dass er schon mit 32 Jahren starb. Todesursache waren eine Tuberkulose und die Amöbenruhr, denen sein entkräfteter Körper nichts entgegensetzen konnte. Schon im Sterben liegend, befasste er sich bis kurz vor seinem Tod mit seiner mathematischen Forschung.

Trotz dieses Beispiels ist die Beschäftigung mit Mathematik in überschaubaren Maßen eine wenig riskante Aktivität, wie statistische Berechnungen zum Sterberisiko zeigen. Dazu dient die Einheit MikroMort. Mikro steht für 1 Millionstel, und Mort ist das französische Wort für Tod. Insofern ist 1 MikroMort 1 Millionstel statistischer Tod.

Um ein Beispiel zu geben: 1 MikroMort (1 MM) ist das Sterberisiko eines 25-Jährigen bei uns in Mitteleuropa an einem durchschnittlichen Tag. Dieses Risiko verdoppelt sich circa alle sieben Jahre. Mit 32 liegt es bei 2 MM. Für 60-Jährige schon bei 30 MM, mit neunzig hat man täglich 500 MM gegen sich und mit 100 Jahren 1500 MM. Dieser letzte Wert entspricht zugleich dem Risiko für den allerersten Tag des Lebens, den Tag der Geburt. An diesem Tag lebt ein neugeborenes Baby so riskant wie ein 100-Jähriger. Auch riskante Aktivitäten lassen sich mit dieser Einheit messen:

3 Zigaretten rauchen: 1 MM
15 Kilometer Fahrrad fahren: 1 MM
1 Marathonlauf: 7 MM
1 Fallschirmsprung: 10 MM
Kaiserschnitt: 170 MM
Bypass-Operation: 16 000 MM
Mount-Everest-Besteigung: 35 000 MM
Heinrich den Achten heiraten: 500 000 MM

Rätselhafte Zahlenreihen und ein zauberhafter Trick

Betrachten wir die zehn Ziffern 0, 1, 2, 3, 4, 5, 6, 7, 8, 9. Sie sind schön geordnet. Jede nachfolgende Ziffer ist um 1 größer als ihre Vorgängerin. Nun stecken wir sie in einen Beutel, schütteln gut durch und ziehen sie dann nacheinander heraus. Dabei notieren wir die Reihenfolge der gezogenen Ziffern. Nehmen wir an, es ergibt sich

7, 4, 1, 9, 2, 8, 0, 5, 3, 6

Das machen wir noch zweimal:

2, 0, 4, 9, 6, 5, 8, 7, 1, 3
8, 5, 9, 3, 7, 0, 2, 6, 1, 4

Das sind drei durchgeschüttelte Anordnungen der zehn Ziffern. Was haben sie gemeinsam? Sie sehen alle recht gut durchmischt aus, und doch haben sie etwas gemeinsam.

Es ist schwer, diese Gemeinsamkeit zu entdecken, aber wenn man sie mitgeteilt bekommt, ist es leicht, sie zu überprüfen. Haben Sie die Gemeinsamkeit entdeckt?

Sie besteht darin, dass es in allen drei Abfolgen der Ziffern jeweils eine aus vier Ziffern bestehende wachsende oder fallende Teilfolge gibt. In der ersten Zufallsreihung sind es die Ziffern 1, 2, 5 und 6, die aufsteigend verlaufen und in dieser Reihenfolge beim Durchlauf durch die durchgeschüttelte Ziffernanordnung auftreten. Im zweiten Fall sind die aufsteigenden Ziffern 2, 4, 6, 8 von links nach rechts in der Anordnung verstreut. Im dritten Fall finden wir keine aus vier

Ziffern bestehende aufsteigende Teilfolge. Alles, was wir aufbieten können, sind einige aus drei Ziffern bestehende aufsteigende Sequenzen, zum Beispiel 0, 2, 4. Aber hier finden wir beim Durchlauf von links nach rechts die absteigende Folge 9, 7, 6, 1.

Die Frage tritt nun auf, ob das immer so ist?

Enthält jede durchgeschüttelte Anordnung der zehn Ziffern von 0 bis 9 entweder eine aus mindestens vier Ziffern bestehende aufsteigende Teilfolge oder eine aus mindestens vier Ziffern bestehende absteigende Teilfolge?

Die Antwort lautet ja!

Wie aber können wir uns davon überzeugen?

Wir werden die Zahlenfolge 8593702614 von links nach rechts abarbeiten und dabei die Ziffern so in eine Tabelle einordnen, dass aufeinanderfolgende Ziffern in jeder Reihe von links nach rechts zunehmen und von oben nach unten abnehmen. Wie das genau geschieht, zeigen wir jetzt an diesem Beispiel.

Die erste Ziffer 8 kommt in die obere linke Ecke der Tabelle. Die nächste Ziffer ist eine 5. Diese ist kleiner als die 8 und kommt deshalb in die erste Spalte genau unterhalb der 8. Wäre diese Ziffer größer gewesen als die 8, dann hätten wir sie in der zweiten Spalte rechts neben der 8 einsortiert. Genau das passiert jetzt mit der als Nächstes erscheinenden 9, die also rechts neben die 8 in die Tabelle kommt. Anschließend folgt eine 3. Diese ist kleiner als die 9 in der zweiten Spalte und auch kleiner als die 5 in der ersten Spalte. Also kommt die 3 direkt unter die 5 in die erste Spalte. Anschließend müssen wir uns um die 7 kümmern. Sie ist größer als die 3 in der dritten Zeile, größer als die 5 in der zweiten Zeile und kleiner als die 9 in der ersten Zeile. Deshalb ist ihr Platz rechts neben der 5 und unter der 9.

8	9			
5	7			
3				

Damit haben wir die Hälfte der zehn Ziffern einsortiert. Machen wir es auch für die zweite Hälfte, so müssen wir die 0 unterhalb der 3 einordnen, die 2 rechts neben der 0, die 6 rechts neben der 2, die 1 unterhalb der 2 und die 4 rechts neben die 1 und unter die 6.

8	9			
5	7			
3				
0	2	6		
	1	4		

Damit sind wir fertig.
Und durch unsere saubere Buchhaltung haben wir erreicht, dass wir nun die längsten Teilfolgen in dieser speziellen Zahlenanordnung unmittelbar ablesen können. Wir haben zwei fallende Folgen bestehend aus vier Ziffern: 8 5 3 0 und 9 7 2 1. Und wir haben die aus drei Ziffern bestehende aufsteigende Folge: 0 2 6.
Aufgrund dieser Methode ist auch Folgendes klar: Weil jede Ziffer ihr eigenes Kästchen hat, enthalten die ersten neun Ziffern nur dann keine aufsteigende oder abfallende Teilfolge der Länge 4, wenn die neun Ziffern, einsortiert nach der gezeigten Methode, alle Kästchen in einer 3×3-Tabelle füllen. Dann aber wird mit der noch einzusortierenden zehnten Ziffer entweder eine aufsteigende oder eine abfallende Teilfolge der Länge 4 erzeugt.

Mit derselben Argumentation sieht man auch, dass es in jeder Abfolge von 101 Zahlen immer eine aufsteigende oder absteigende Teilfolge der Länge 11 gibt und bei jeder Abfolge von 5 Ziffern eine analoge Teilfolge der Länge 3.

Damit haben wir unser Resultat dem Zufallsgeschehen abgetrotzt, ohne alle möglichen Kombinationen durchzuspielen. Wieder zeigt sich, dass der Zufall nicht völlig ohne Ordnung und Struktur ist. Auch er hat seine Inseln der Ordnung, hier in Form von geordneten Teilfolgen gewisser Länge, die er uns garantiert.

Was kann man mit diesem kuriosen Resultat anfangen?

Scheinbar nicht viel.

Aber der Schein trügt. Warum nicht ein bisschen zaubern?

Wir werden auf dieser Erkenntnis einen interessanten, ja spektakulären Trick aufbauen.

Wie?

So!

Beteiligte sind der Zauberer, sein Assistent und ein Zuschauer, an dem der Trick ausgeführt wird. Der Assistent des Zauberers gibt einem Zuschauer Karten mit den Werten 2, 3, 4, 5, 6. Er bittet den Zuschauer, diese fünf Karten in einer beliebigen Anordnung auf den Tisch zu legen. Der Assistent dreht dann alle Karten um, sodass die Kartenwerte verdeckt sind. Nun betritt der Zauberer den Raum. Der Assistent dreht zwei Karten um. Damit kann der Zauberer die drei nicht aufgedeckten Karten korrekt identifizieren.

Und so geht es: Wenn der Zuschauer die fünf Karten ausgelegt hat und bevor der Assistent des Zauberers alle Karten umdreht, damit der später hereinkommende Zauberer sie nicht sehen kann, hat der Assistent ermittelt, ob es eine zunehmende oder abnehmende Teilfolge der Länge 3 gibt. Die existiert immer.

Wenn dann der Zauberer den Raum betritt, dreht der Assis-

tent die beiden nicht zu dieser Teilfolge gehörenden Karten um, damit der Zauberer sie sehen kann. Und zwar dreht er erst die kleinere, dann die größere um, falls die Teilmenge der drei Karten eine aufsteigende Reihe bildet, und andernfalls dreht er zuerst die größere, dann die kleinere um.
Dies haben Zauberer und Assistent im Vorfeld abgesprochen. Der Zauberer weiß damit nicht nur, um welche drei Karten es sich handelt, sondern auch, wie sie gereiht sind. Er kann das spektakulär ankündigen, bevor er sie aufdeckt. Die Wirkung wird nicht ausbleiben. Ein hübscher Beitrag fürs Varieté-Mathematikertum, finden Sie nicht?
Noch ein Hinweis: Statt mit den Werten 2, 3, 4, 5, 6 sollte man günstiger mit den Karten König, Karo Ass, Kreuz Ass, 2, 3 arbeiten, mit dieser Reihung nach zunehmender Wertigkeit. Dann ist es für den Zuschauer nicht mehr ersichtlich, dass die vom Zauberer identifizierten Karten gereiht auf dem Tisch ausliegen.

Mit fünf Algorithmen die Welt beherrschen

Jetzt stelle ich Ihnen fünf Algorithmen vor, die die Welt der Daten regieren. Und das, obwohl sie nur sortieren, Wichtiges in kürzester Zeit und auf schnellstem Weg finden und Informationen verschlüsseln können. Aber das können sie mit unermesslich großen Datenmengen extrem gut und unglaublich schnell.

Die enorme Bedeutung dieser Tätigkeiten können Sie schon daraus ersehen, dass etwa 90 Prozent des modernen Datenmanagements aus dem besteht, was diese Big Five der Algorithmen als Kernkompetenz besitzen. Wer exklusiven Zugriff auf sie hätte, besäße eine unermessliche Macht. Denn auf deren Grundlage führen Spezialalgorithmen dann ihre Spezialaufgaben aus: Sie mischen mit beim internationalen Finanzhandel, sie steuern Produktionsprozesse, sie ermitteln unsere Vorlieben und Abneigungen, sie helfen bei der Suche nach den am besten geeigneten Lebenspartnern, bestimmen weitgehend, wie unser Arbeitsalltag aussieht und schließlich auch, welche Bücher wir lesen, welche Musik wir hören und welche Filme wir sehen.

Sie tun das, indem sie Muster in unermesslichen Datenströmen erkennen und daraus ihre Schlüsse ziehen, die dann die statistischen Verhaltensmuster von vielen Menschen mitbestimmen. Das ist die Ideologie des algorithmischen Zeitalters: der Dataismus – der von der Denkweise bestimmt ist, dass der Großteil unseres Lebens von Datenströmen beherrscht wird. Sie machen den Homo sapiens zum Homo algorithmicus, dem von Algorithmen beherrschten Menschen.

1. RSA

In der Welt, in der wir leben, gibt es viele Informationen, die nicht öffentlich zugänglich sein sollen. Informationen, welche die Inhaber geheim halten wollen. Wo es Menschen gibt, gibt es auch solche Geheimnisse. Das war schon immer so seit Anbeginn der Menschheit.

Damit meine ich nicht nur persönliche Dinge, sondern auch wirtschaftliche Angelegenheiten, wie die Formel für Coca-Cola, oder Codewörter wie »Sesam, öffne dich«.

Nun kann aber der Fall eintreten, dass man sein Geheimnis jemandem mitteilen muss oder möchte, aber so, dass nur der Empfänger davon Kenntnis erlangt. Sind beide Beteiligten, gewissermaßen Sender und Empfänger, am selben Ort, dann könnte es einen Weg geben, sich für einen Augenblick zurückzuziehen, sodass der Geheimnisträger der auserkorenen Person sein Geheimnis zuflüstern kann, ohne dass unbeteiligte Dritte etwas hören. Komplizierter gestaltet sich das Problem, wenn die beiden Protagonisten nicht am selben Ort sind und die Nachricht mithilfe eines Kanals übertragen werden muss. Wenn beide dem Kanal nicht vertrauen und vermuten, dass er abgehört werden kann, scheint die Übermittlung der Botschaft nicht abhörsicher möglich.

Dass es aber doch geht, verdanken wir Ronald R. Rivest, Adi Shamir und Leonard Adleman. Sie haben 1977 das heute nach ihren Initialen benannte RSA-Verfahren entwickelt. Es ist inzwischen das meistbenutzte Verfahren, um geheime Informationen über einen potenziell abhörbaren Kanal zu übertragen. Wieder geht es nur mathematisch. Wieder ist Mathematik *the right thing to do*.

Nennen wir, wie in der Kryptologie üblich, die beiden Hauptpersonen Alice und Bob. Bob ist der Sender und will eine Nachricht an Alice, die Empfängerin, übertragen.

Dafür sind zunächst Vorarbeiten nötig, die öffentlich bekannt sein können, also über den Kommunikationskanal gesendet werden können. Generell kann sogar die ganze Vorgehensweise bekannt sein. Bob könnte Alice also etwa über den unsicheren Kanal mitteilen: Ich möchte dir über RSA eine Botschaft zukommen lassen. Bitte beginne das Verfahren, indem du zwei nur dir bekannte Primzahlen wählst und für dich behältst.

Alice wählt die Primzahlen $p = 5$ und $q = 11$. Damit berechnet sie die Produkte $n = p \cdot q = 55$ sowie $m = (p - 1) \cdot (q - 1) = 40$. Dann wählt sie eine Zahl a, die zu m teilerfremd ist. Das bedeutet: Stellt man zwei Listen auf, eine mit allen Teilern von a und eine mit allen Teilern von m, dann sind diese unterschiedlich bis auf die Zahl 1.

Teilerfremd zur Zahl $m = 40$ ist zum Beispiel offensichtlich die Zahl $a = 7$.

Die Zahlen n und a bilden den öffentlichen Schlüssel von Alice. Diesen kann sie durchaus in einer öffentlich zugänglichen Datenbank mit Schlüsseln bekannt geben. Oder jetzt einfach nur Bob mitteilen, auch über den unsicheren Kanal.

Bob war nicht untätig, sondern hat inzwischen seine geheime Botschaft in eine Zahl x umgewandelt. Jeder Text kann prinzipiell auch als Zahl dargestellt werden. Ist die Zahl sehr groß, kann sie auch in kleine Zahlenblöcke zerlegt werden, die dann einzeln verschlüsselt werden. Sagen wir, Bobs Botschaft ist $x = 9$.

Nun verschlüsselt Bob diese Zahl durch eine Zahl y. Konkret berechnet er $y = x^a mod n$ also $y = 9^7 mod 55 = 4$. Mit $mod 55$ wird angezeigt, dass es nur auf den Rest ankommt, der sich ergibt, wenn ich die Zahl 9^7 durch 55 teile. Dieser Rest ist 4, denn $9^7 = 4\,782\,969$, und das ist $86\,963 \cdot 55 + 4$.

Bob hat also aus seiner geheimen Botschaft, der Zahl 9, nun eine nicht mehr geheim bleiben müssende Zahl 4 gemacht.

Diese Zahl 4 sendet Bob anschließend über den unsicheren Kanal an Alice. »Mein Geheimnis ist 4.«

Auch Alice war nicht untätig und hat inzwischen aus ihren Zahlen a und m das multiplikative Inverse von a mod$m$ berechnet, also von $7 mod 40$. Es ist die Zahl $b = 23$. Das multiplikative Inverse ist nämlich hier das kleinste Vielfache von 7, das bei Division durch 40 den Rest 1 ergibt. Mit anderen Worten: Die genannten Zahlen erfüllen die Gleichung $7^{23} = z \cdot 40 + 1$ für irgendeine ganze Zahl z.

Es ist wichtig festzuhalten, dass nur Alice dieses multiplikative Inverse berechnen kann, da zwar ihre Zahl a öffentlich bekannt ist, nicht aber ihre Zahl m. Und selbst wenn jemand die Zahl n als Produkt von p und q kennen sollte, ist es ihm nicht möglich, die Zahlen p und q zu berechnen, jedenfalls nicht in praktischen Durchführungen dieses Verfahrens, das mit mehr als tausendstelligen Primzahlen arbeitet.

Nachdem Alice $b = 23$ berechnet hat und von Bob $y = 4$ erhalten hat, kann Alice mithilfe der Beziehung $x = y^b mod n$, also $x = 4^{23} mod 55 = 9$ das Geheimnis von Bob im Klartext errechnen. Denn $4^{23} = 70\,368\,744\,177\,664$. Wird diese Zahl durch 55 geteilt, dann ergibt sich 1 279 431 712 321 Rest 9.

Um es noch einmal kurz zusammenzufassen: Bob verschlüsselt seinen Klartext, den er zuvor als Zahl dargestellt hat. Jeder Text lässt sich als Zahl darstellen. Ist der Klartext zu lang und infolgedessen die Zahl zu groß, kann sie in kleinere Blöcke zerlegt werden, die einzeln verschlüsselt werden. Die Verschlüsselung nimmt Bob mit dem öffentlichen Schlüssel von Alice vor, den diese vorher erzeugt und bekannt gegeben hat. Wenn Alice die verschlüsselte Geheimzahl von Bob erhalten hat, entschlüsselt sie diese mit ihrem privaten Schlüssel mittels einer Berechnung und erhält die Geheimzahl von Bob.

Die Sicherheit des Verfahrens beruht darauf, dass es derzeit keinen Algorithmus gibt, der aus der Zahl n die Faktoren p

und q errechnen kann, wenn diese Faktoren extrem große Primzahlen sind. Auch eine clevere Hackerin, die Bobs verschlüsselte Geheimzahl 4 abfängt, kann mit dem öffentlichen Schlüssel von Alice nicht den Klartext von Bob berechnen, weil ihr dafür die Zahlen p und q bekannt sein müssten.

Das Verfahren beruht ganz wesentlich darauf, dass man aus n und a nicht m errechnen kann. Wenn das gelingen würde, dann wäre die Verschlüsselung von x durch y mittels RSA keine sichere Verschlüsselungsmethode. Da es aber für große Primzahlen mit mehr als tausend Stellen selbst mit den aktuellen Höchstleistungsrechnern nicht möglich ist, in überschaubarer Zeit aus dem Produkt $n = p \cdot q$ die Primfaktoren p und q zu errechnen, ist RSA sicher. Sollten eines Tages die Rechnerkapazitäten für die Faktorisierung ausreichen, etwa aufgrund von Quantencomputern, dann muss mit noch größeren Primzahlen p und q gearbeitet werden.

Sollte es Ihnen gelingen, einen effizienten Algorithmus für die Faktorisierung extrem großer Primzahlen zu finden, dann wird die Mehrzahl aller Verschlüsselungen weltweit geknackt werden können. Und ein Shitstorm wird über Sie hinwegfegen. Aber wahrscheinlich werden Sie immerhin die Fields-Medaille dafür einheimsen, was so viel ist wie der Nobelpreis für Mathematik.

2. Der PageRank-Algorithmus von Google

Das Internet besteht derzeit aus rund einer Billion Seiten und einem Mehrfachen an Links zwischen diesen Seiten. Angenommen, Sie würden vor der Aufgabe stehen, von den Internetseiten ein Ranking zu erstellen, das in irgendeiner Weise deren Wichtigkeit und Autorität reflektiert – wie würden Sie vorgehen?

Das ist genau die Aufgabe, die sich die beiden Stanford-Studenten Larry Page und Sergey Brin im Jahr 1996 stellten. Sie brauchten nicht lange, um es zu lösen. Schon am 10. Januar 1997 meldeten sie ein Patent für den PageRank-Algorithmus an, auf dem die Google-Suchmaschine basiert, die wiederum einen Großteil des Einflusses von Google ausmacht.
Und bedenken Sie nur, wie groß dieser Einfluss heute ist. Der *Google Web Scroller* ist die mit großem Abstand meistbenutzte Suchmaschine für das Internet.
Larry Page und Sergey Brin lösten das Problem in etwa folgendermaßen. Zunächst hängen Wichtigkeit und Autorität einer bestimmten Internetseite natürlich vom Thema ab. Die Suchbegriffe geben das Thema vor, etwa dadurch, dass sie auf einer Internetseite vorkommen. Halten wir fest: Wichtigkeit und Autorität einer Internetseite hängen von den eingegebenen Suchbegriffen ab.
Wie können wir alle Internetseiten zu einem bestimmten Thema einem Ranking unterziehen? Page und Brin nahmen an, dass Links im Internet ein Zeichen von Wichtigkeit sind. Wenn man von der eigenen Seite auf eine andere Seite verlinkt, dann betrachtet man diese in irgendeiner Weise als relevant, interessant, nützlich oder wichtig. Es kommt selten vor, dass eine seriöse Seite auf eine Spam-Seite verlinkt oder umgekehrt. Typischerweise verlinken nur seriöse Seiten auf seriöse Seiten.
Links sind demnach die Währung im Internet. Eine Seite ist wichtig, wenn viele Seiten darauf verlinken. Als Modell für das Internet kann man wiederum einen Graphen heranziehen, bei dem jede Internetseite durch einen Knoten symbolisiert wird und ein Pfeil von einem Knoten zu einem anderen eingezeichnet wird, wenn von dem zugehörigen Knoten zum anderen ein Link besteht.
Die einfache Idee der beiden Google-Gründer bestand nun

darin, dass eine Seite, also ein Knoten, nur genauso wichtig ist wie die Gesamtheit der Seiten, die darauf verlinken. In der wissenschaftlichen Originalarbeit von Larry Page und Sergey Brin wird der PageRank *PR(A)* einer bestimmten Seite wie folgt berechnet:

$$PR(A) = (1\text{-}d) + d \cdot \frac{PR(B_1)}{S(B_1)} + \ldots + d \cdot \frac{PR(B_n)}{S(B_n)}$$

In dieser Gleichung verweisen die Seiten B_1 bis B_n auf die Seite *A*. *S(B)* ist die Anzahl der Links, die von einer Seite *B* ausgehen. Und *d* ist ein Dämpfungsfaktor, der einen Wert zwischen 0 und 1 annehmen kann. Der gebräuchlichste Wert ist $d = 0{,}85$.

Die Vorgehensweise ist nun die, dass zu Beginn die Page Rank-Werte *PR(A)* aller relevanten, thematisch einschlägigen Seiten *A* zunächst denselben Wert bekommen. Dann wird die obige Gleichung für jede Seite so lange immer und immer wieder angewendet, bis sich die PageRank-Zahlen aller Seiten nicht mehr ändern. So sind mit dieser schrittweisen Methode die PageRank-Zahlen aller Seiten festgelegt. Diese müssen dann nur noch absteigend sortiert werden, beginnend mit der Seite, die den größten PageRank-Wert hat.

Wir zeigen ein Beispiel. Angenommen, das Internet besteht aus nur sechs Knoten. Ihre Homepage ist auch dabei. Wir wollen die PageRanks bestimmen, angefangen mit den Anfangswerten von ⅙ für jeden Knoten (Abbildung 11).

Fast jeder Mensch ist schon einmal im World Wide Web gesurft. Stellen wir uns also einmal einen exzessiven Web-Surfer vor, der auf irgendeiner beliebigen Internetseite beginnt und dann von Seite zu Seite surft, wobei er sich irgendeinen der Links auf den Seiten rein zufällig auswählt. Wenn also von einer Seite zwei Links ausgehen, dann wählt er mit der Wahrscheinlichkeit fifty-fifty jeweils die eine oder die andere Folgeseite. Hat eine Seite zehn ausgehende Links, ist die Wahrscheinlichkeit jeweils 10 Prozent, dass unser Zufalls-Surfer auf einem dieser zehn Links weitermacht.

Mathematisch gesehen ist das eine Zufallswanderung auf den Seiten des Internets. Jetzt stellen wir uns vor, dass dieser Zufallswanderer im Internet schon seit sehr, sehr langer Zeit unterwegs ist, mit Übergängen gemäß der Tabelle auf Seite 87.

Wie wahrscheinlich ist es dann, dass dieser Wanderer nach dieser langen Zeit auf einer bestimmten Seite *A* ist?

Diese Langzeit-Wahrscheinlichkeit ist genau der PageRank der Seite *A*.

Und mehr noch, diese Langzeit-Wahrscheinlichkeit ist ein Indikator für die Wichtigkeit und Popularität einer Seite. Man kann den PageRank-Algorithmus also als eine Zuweisung von Wahrscheinlichkeiten an alle Seiten des Internets verstehen.

Diese Wahrscheinlichkeiten kann man sich schrittweise errechnen. Am Anfang ist die Wahrscheinlichkeit für jede Seite noch $1/6$ für alle Seiten. Wie groß ist die Wahrscheinlichkeit Ws nach einem Schritt für zum Beispiel Seite *A* in unserem Beispiel-Internet der Abbildung 11?

Nun, das ist $Ws(A) = 1/4 \cdot Ws$ (Anfangs auf Home zu sein) $= 1/4 \cdot 1/6 = 1/24$.

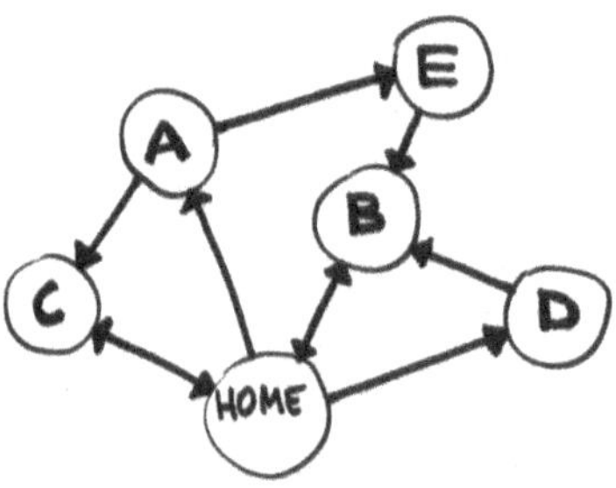

Abb. 11: *Unser Beispiel-Internet*

A	B	C	D	E	Home	
0	0	0	0	0	0,25	**A**
0	0	0	1	1	0,25	**B**
0,5	0	0	0	0	0,25	**C**
0	0	0	0	0	0,25	**D**
0,5	0	0	0	0	0	**E**
0	1	1	0	0	0	**Home**

Wahrscheinlichkeiten für die Zustände nach langer Laufzeit:

A	B	C	D	E	Home
0,10	0,24	0,14	0,10	0,07	0,35

Damit verbringt ein Zufalls-Surfer mehr als ein Drittel seiner Zeit auf Ihrer Homepage. Und das, obwohl nur zwei Links von anderen Seiten auf Ihre Seite gesetzt sind. Aber diese beiden Links sind sehr wichtig, da diese Seiten nur auf Ihre Homepage verlinken.
Jetzt müssen die Wahrscheinlichkeiten nur noch nach Größe sortiert werden. Sortieren ist hier bei einem sechsseitigen Internet noch leicht. Aber stellen Sie sich das mathematische Problem vor, eine Billion Internetseiten schnell nach Page Rank zu sortieren. Im angegebenen Beispiel jedenfalls wird Google die sechs Seiten in der Reihenfolge: Home, B, C, A, D, E auflisten.

3. Der Dijkstra-Algorithmus

Wenn man sich fragt, wie Google Maps es schafft, zwischen zwei Ortschaften immer den kürzesten oder auch den schnellsten Weg zu finden, dann ist er die Antwort darauf: mit dem Dijkstra-Algorithmus.

Der Dijkstra-Algorithmus löst das Problem für einen Graphen, ausgehend von einem beliebig als Anfangspunkt deklarierten Knotenpunkt, die kürzesten Wege zu allen anderen Knoten im Graphen zu bestimmen. Wieder ist ein Graph ganz abstrakt eine Menge von Knotenpunkten mit Verbindungsstrecken zwischen einigen dieser Knotenpunkte, wobei die Verbindungsstrecken mit Zahlen versehen sind.

Die Bedeutung dieser Zahlen hängt vom jeweiligen Kontext ab. Im angesprochenen Google-Kontext sind es zum Beispiel die Abstände zwischen den verbundenen Knoten oder auch die Reisezeit von einem zum anderen Knoten. Die Knoten selbst symbolisieren die Ortschaften.

Der Algorithmus wurde vom niederländischen Computer-Wissenschaftler Edsger Dijkstra entwickelt. In einem Interview erzählte er einmal, wie es dazu kam:

»Was ist die kürzeste Route, um von Rotterdam nach Groningen zu reisen? Sie wird von einem Algorithmus geliefert, den ich in ungefähr zwanzig Minuten entworfen habe. Eines Morgens war ich mit meiner jungen Verlobten in Amsterdam beim Einkaufen. Müde setzten wir uns auf die Terrasse eines Cafés, um eine Tasse Kaffee zu trinken. Ich fragte mich, ob ich das überhaupt machen sollte, aber dann dachte ich nach und entwickelte den Algorithmus für den kürzesten Weg. Wie gesagt, es war eine Erfindung, für die ich zwanzig Minuten brauchte. Und sie wurde tatsächlich 1959 veröffentlicht, drei Jahre später. Die Veröffentlichung ist immer noch ganz gut. Einer der Gründe, warum sie so gut ist, besteht darin, dass ich den Entwurf ohne Bleistift und Papier machte. Ohne Bleistift und Papier ist man fast gezwungen, alles Komplexe zu vermeiden. Schließlich wurde dieser Algorithmus, zu meinem eigenen übergroßen Erstaunen, einer der Eckpfeiler meiner Berühmtheit.« (Übersetzung des Autors)

Einer der berühmtesten und nützlichsten Algorithmen überhaupt wurde also in nur zwanzig Minuten während einer Kaffeepause erdacht.

Hier ist seine Grundstruktur:

1. Mache den Startknoten zum aktuellen Knoten und weise ihm den aktuellen Abstand 0 zu. Allen anderen Knoten wird der Abstand unendlich zugewiesen, und sie werden als *nicht besucht* markiert.
2. Gibt es nicht-besuchte Knoten, dann mache den nicht-besuchten Knoten mit dem geringsten aktuellen Abstand zum aktuellen Knoten. Markiere diesen als *besucht.*
3. Ermittle für jeden der Nachbarn des aktuellen Knotens eine Summe, indem zum aktuellen Abstand des aktuellen Knotens die Länge der Strecke zwischen dem jeweiligen Nachbarn und dem aktuellen Knoten addiert wird. Nur wenn dieser Summenwert kleiner ist als der aktuelle Abstand des Nachbarn, wird der Summenwert zum neuen aktuellen Abstand des Nachbarn, und der aktuelle Knoten wird dessen Vorknoten.
4. Wenn es noch nicht-besuchte Knoten gibt, dann gehe zurück zu Schritt 2. Andernfalls endet der Algorithmus.

Wenn das als Beschreibung zu kurz und vertrackt war, dann hilft zum Verständnis vielleicht eine etwas längere Erläuterung.

Jeder Knoten hat im Verlauf der Abarbeitung zwei Eigenschaften:

Zum einen, ob er bereits besucht wurde (ja oder nein, vermerkt als 1 oder 0). Über die Besuche muss Buch geführt werden, damit nicht ein Knoten ein zweites Mal besucht wird. Ein Knoten wird erst dann als besucht markiert, wenn der kürzeste Weg zu ihm gefunden wurde.

Zum anderen ist es eine Pfadeigenschaft: Es wird darüber Buch geführt, welche Länge der von uns aktuell gefundene kürzeste Weg zu jedem Knoten hat. Die kürzeste Weglänge eines Knotens wird immer dann aktualisiert, wenn ein Nachbar eines Knotens besucht wird. Die Pfadeigenschaft ist wichtig, weil sie, wenn alle Knoten besucht und alle Werte aktualisiert sind, die kürzeste Weglänge zu jedem Knoten angibt.

Formal werden am Anfang alle Knoten außer dem Startknoten *A* als nicht besucht deklariert und alle Abstände von *A* zu jedem anderen Knoten als unendlich.

Dann folgt der Aktualisierungsschritt:

Für alle Nachbarn des Anfangsknotens werden die Abstände zu *A* ermittelt und aktualisiert. Der Weg zum Knoten mit dem kürzesten Abstand wird beschritten. Er selbst wird als besucht vermerkt, und sein aktueller Abstand wird von unendlich auf die Streckenlänge zu *A* aktualisiert.

Wenn also für einen bestimmten Knoten *K* der Entfernungswert *k* ist, *v* der Entfernungswert von dessen Vorknoten *V* und *g* das Gewicht der Strecke zwischen diesen beiden Knoten ist, dann wird der Entfernungswert von *K* auf $v + g$ aktualisiert, wenn diese Summe einen kleineren Wert hat als k.

Schließlich wird für jeden Nachbarknoten noch der Vorknoten festgehalten. Das ist am Ende wichtig, um die Stationen des kürzesten Weges zu jedem Knoten schnell zu rekonstruieren. Im gerade beschriebenen Fall, wenn der Entfernungswert von *K* auf $v + g$ aktualisiert wird, wird zudem *V* als Vorknoten von K aktualisiert.

In jedem weiteren Schritt wird ein nicht-besuchter Knoten mit dem geringsten Entfernungswert zum Anfangsknoten als besucht deklariert, und die Entfernungswerte aller seiner Nachbarn werden aktualisiert. Dieser Vorgang wird durchgeführt, bis alle Knoten besucht und alle Aktualisierungen vorgenommen wurden.

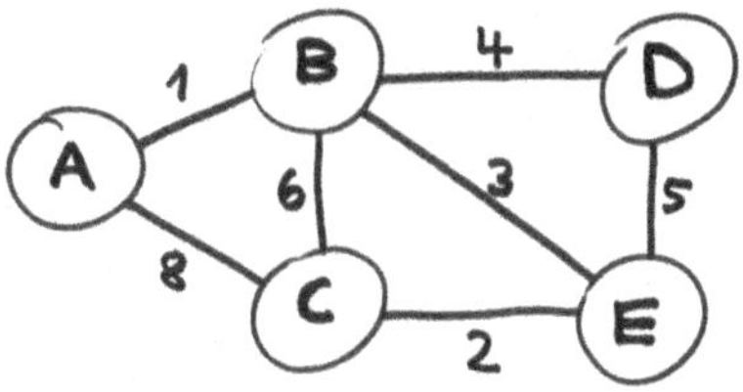

Abb. 12: Ein Beispiel-Graph für den Dijkstra-Algorithmus

Befassen wir uns als Beispiel mit dem Graphen in Abb. 12, bestehend aus fünf Knoten. Wir starten in *A*, deklarieren *A* als besucht und notieren den Abstand von *A* zu *A* als 0. Die Abstände zu allen anderen Knoten werden auf unendlich gesetzt.

Nun streckt der Knoten *A* seine Fühler zu seinen Nachbarn aus und bemerkt, dass der Abstand zu *B* den Wert 1 hat und der Abstand zu *C* den Wert 8. Von *A* wird der kürzere Weg zu *B* beschritten, und die Abstandswerte von *B* und *C* werden auf 1 bzw. 8 gesetzt.

Hier ist der aktuelle Stand:

Knoten	Besuche	Abstand	Vorknoten
A	1	0	–
B	1	1	A
C	0	8	A
D	0	∞	–
E	0	∞	–

Somit sind wir jetzt bei *B*. Die unbesuchten Knoten werden hinsichtlich ihrer Abstandswerte aktualisiert, also 1 + 6 = 7 für *C*, 1 + 3 = 4 für *E* und 1 + 4 = 5 für *D*. Von diesen unbesuchten Nachbarn wird der Weg nach *E* beschritten, da er mit 4 den geringsten Abstandswert hat. *E* wird als besucht markiert, als Vorknoten wird *B* festgehalten.

Von *E* werden die Fühler zu den unbesuchten Nachbarn *C* und *D* ausgestreckt. Der Wert von *C* wird auf 1 + 3 + 2 = 6 aktualisiert. Der Wert von *D* wird bei 5 belassen und nicht auf 1 + 3 + 5 = 9 aktualisiert, da dieser Pfad über E länger als 5 ist. Von *E* wird nun der Weg in Richtung *D* eingeschlagen, *D* wird als besucht deklariert, und als dessen Vorknoten bleibt *B* vermerkt, da der kürzeste Weg zu *D* über *B* führt.
Von *D* aus betrachtet gibt es keine unbesuchten Nachbarn. Also wird unter allen unbesuchten Knoten derjenige mit dem geringsten Abstandswert besucht. Es gibt überhaupt nur noch einen unbesuchten Knoten *C*. Der wird also als besucht deklariert, aber keine Aktualisierungen werden vorgenommen, da alle Nachbarn bereits besucht wurden. Da es keine unbesuchten Knoten mehr gibt, stoppt der Algorithmus. Der Endzustand ist wie folgt:

Knoten	**Besuche**	**Abstand zu A**	**Vorknoten**
A	1	0	–
B	1	1	A
C	1	6	E
D	1	5	B
E	1	4	B

Hier ist der graphische Endzustand, mit nur den Strecken, die tatsächlich nötig sind:

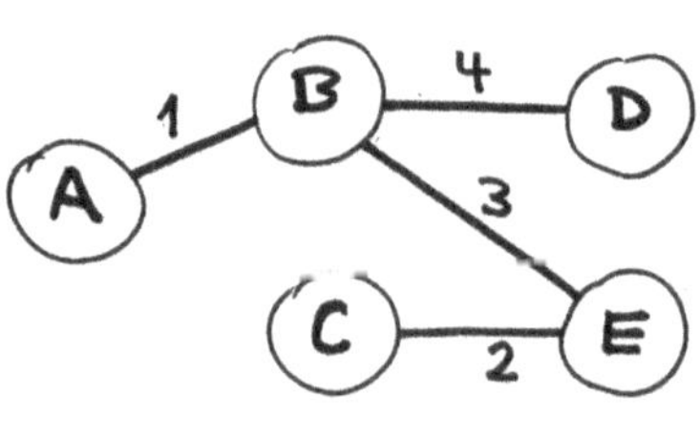

***Abb. 13:** Endzustand für den Dijkstra-Algorithmus im Beispiel*

4. Sortieren

So lange es Menschen gibt, gab es immer auch Menschen, die etwas sortiert haben. Den Hausrat, die Ernte und vieles andere mehr.

Auch Zahlen wurden offenbar schon sehr früh sortiert. Die vom Babylonier Inakibit-Anu beschrifteten Tontafeln aus dem Jahr 200 vor Christus enthalten eine nach Größe sortierte Liste von mehreren Hundert Zahlen, die allesamt Kehrwerte ganzer Zahlen sind. Bis heute ist nicht bekannt, nach welcher Methode dieser Gelehrte vor mehr als zwei Jahrtausenden seine Daten in eine aufsteigende Ordnung brachte, was keine leichte Aufgabe war, weil diese wie für die damalige Zeit bei den Babyloniern üblich im 60er-System notiert waren.

Der erste für maschinelle Sortierzwecke entworfene Algorithmus stammt aus dem Jahr 1887 und wurde vom Mathematiker und Unternehmer Herman Hollerith entwickelt. Er nannte ihn Radixsort. Dieser Algorithmus wurde für das Sortieren von Lochkarten verwendet.

Angenommen, die Lochkarten bestanden aus fünfzig Spalten und zehn Zeilen. In jeder Spalte gab es in einer von diesen zehn Zeilen ein Loch. Je nachdem, wo sich das Loch befand, sortierte die Maschine die Lochkarte in eines von zehn Kästchen. Wenn anschließend nach der nächsten Spalte sortiert werden sollte, stellte man die Maschine auf den nächsthöheren Sortierwert (zum Beispiel die Zehnerstelle), sammelte die Karten, wie sie beim ersten Durchlauf sortiert worden waren, ein und legte den Stapel erneut in die Maschine. Bei Radixsort wurden die Daten Ziffer für Ziffer sortiert und nicht durch paarweisen Vergleich von Zahlen wie bei den meisten anderen Sortieralgorithmen.

Herman Hollerith gründete übrigens kurz nach Erfindung

von Radixsort eine eigene Firma, die Tabulating Machine Company. Diese wurde 1924 umbenannt in International Business Machines Corporation und ist heutzutage weltweit bekannt unter der Abkürzung IBM.

Man braucht nicht lange, um zu recherchieren, dass es inzwischen circa fünfzig Sortieralgorithmen gibt. Einer der besten, schnellsten und daher meistverwendeten ist Quicksort. Quicksort funktioniert nach dem Prinzip divide et impera – teile und herrsche.

Beim Problemlösen mittels teilen und herrschen wird ein großes Problem in kleinere Probleme zerteilt, und dann werden diese kleineren Probleme gelöst. Auch diese kleineren Probleme können natürlich immer noch recht groß sein. Nichts spricht dagegen, auf diese kleineren Probleme abermals das Ausgangsprinzip anzuwenden: weiter teilen und noch besser herrschen. Und so geht es weiter, bis die Probleme durch ausreichend häufiges Teilen so klein geworden sind, dass sie irgendwann leicht zu lösen sind. Ist dieser Punkt erreicht, müssen nur noch alle Lösungen aller Teilprobleme zur Gesamtlösung für das Ausgangsproblem zusammengefügt werden. Und fertig.

Die Redewendung »divide et impera« und auch die damit einhergehende Strategie stammt aus der antiken römischen Politik, ist aber wahrscheinlich noch wesentlich älter.

Das heuristische Prinzip des Teilens und separaten Bearbeitens der entstandenen Teilprobleme gehört zur Schwerprominenz im Ideenreservoir der gesamten Mathematik und Informatik.

Auch der Sortieralgorithmus Quicksort beruht darauf, das Ausgangsproblem, also die möglicherweise extrem umfangreiche Objektliste, durch zahlreiche Teilungsschritte – bildlich gesprochen – bis in die Atome zu zertrümmern und anschließend alle Teillösungen aller Teilprobleme zur Ge-

samtlösung des großen Ausgangsproblems wieder zusammenzufügen.
Ich möchte dieses Motiv des divide et impera deshalb zu divide et impera et cetera erweitern, da einmaliges Teilen meist noch nicht zur Lösung des Problems ausreicht.
In der Informatik spricht man bei dieser Vorgehensweise von Problem-Modularisierung verbunden mit anschließender Lösungs-Rekombination.
Der Vorteil von Teilproblemen besteht darin, dass sie schrittweise meist leichter lösbar werden. Doch wenn die Teilungsstrategien selbst kompliziert sind, ist ein filigranes Management einer ganzen Hierarchie von Teil- und Unterproblemen nebst deren Lösungen erforderlich, um nicht im Wirrwarr aller Teile unterzugehen, ihm zum Opfer zu fallen und letztlich die angestrebte Lösung zu vermasseln.
Bei Quicksort ist das Management der Hierarchie der Unterprobleme durch eine Systematisierung aller Teilungsschritte vergleichsweise einfach.
Quicksort arbeitet bei den Teilungsschritten mit einem sogenannten Pivot-Element. Pivot kommt aus dem Französischen und bedeutet so viel wie Dreh- oder Angelpunkt.
Im ersten Schritt wird das Pivot-Element gewählt. Oftmals ist das einfach das letzte Element der gesamten Liste. Dann wird die Liste in drei Teile eingeteilt:

- Elemente, die kleiner als das Pivot-Element sind, werden in der linken Teilliste einsortiert;
- das Pivot-Element in der mittleren Teilliste;
- Elemente, die größer als das Pivot-Element sind, werden in der rechten Teilliste einsortiert.

Anschließend wird in jeder der Teillisten wieder das letzte Element zum Pivot-Element deklariert, und der Vorgang wiederholt sich, bis alle Teillisten aus einem Element bestehen. Damit ist die Liste automatisch sortiert. Divide et impera spielte offensichtlich hier die Hauptrolle. Der Oscar für die beste weibliche Nebenrolle geht an das Pivot-Element, das als Referenzpunkt beim Sortieren ganze Arbeit leistet. Das folgende Diagramm zeigt beispielhaft und in selbsterklärender Weise die Vorgehensweise von Quicksort bei der Sortierung der Zahlen 8, 4, 6, 7, 1, 3, 2, 11, 9, 12, 10, 5.

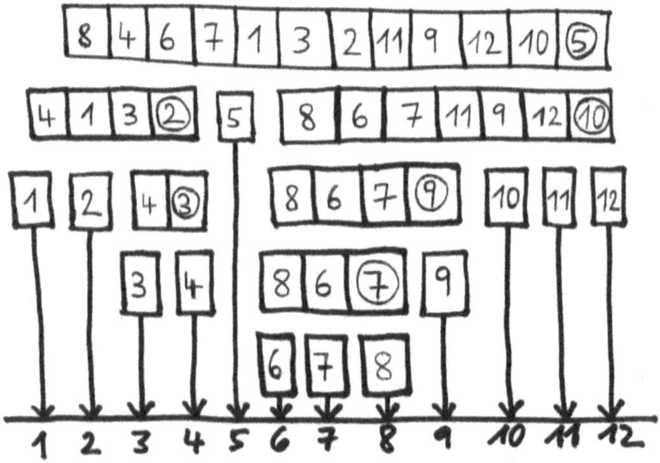

Abb. 14: Problemlösung durch »divide et impera«

Der Algorithmus des Copy-Shoppers

Als ich vor vielen Jahren einmal in einem Kopierladen war, brauchte ich von einer dreißigseitigen Arbeit zwei weitere Exemplare. Versehentlich nahm ich die Einstellungen so vor, dass nicht gleich zwei dreißigseitige Exemplare ausgedruckt wurden, sondern von jeder Seite zwei Kopien. Ich hatte also am Ende nicht zwei Anordnungen der Seiten in der Abfolge 1, 2, 3, ... 28, 29, 30, sondern vielmehr eine Abfolge der Seiten 1, 1, 2, 2, 3, 3, ... 28, 28, 29, 29, 30, 30.

Also machte ich mich daran, diese in zwei Häufchen aufzuteilen: eine Seite nach links, eine Seite nach rechts, wieder eine Seite nach links usw. Der Ladenbesitzer sah diesem Schauspiel aus dem Kambrium der künstlichen Intelligenz zu, kam herüber und fragte, ob er mir helfen könne. Dankbar nahm ich an.

Er brachte die sechzig Seiten in den Ausgangszustand. Er legte die erste Seite nach links, dann nahm er zwei Seiten und legte sie nach rechts, die nächsten beiden Seiten legte er nach links, dann die nächsten beiden wieder nach rechts. Bis er den ganzen Stapel abgearbeitet hatte. Die Sortiergeschwindigkeit hatte sich offensichtlich verdoppelt. Bei 60 Seiten eine Ersparnis von 10 Minuten. Bei 60 Millionen Seiten, die ein Computer sortiert … unermesslich!

5. Datenkompression

Datenkompression bedeutet schlicht und einfach, den Platz, den Daten einnehmen, zu verkleinern. Da wir in einer Ära großer Datensätze leben, ist dies ein Bedürfnis, das sich über die Jahrzehnte zunehmend verstärkt hat und in den kommenden Jahren noch weiter verstärken wird, wollen wir von Big und Bigger Data nicht erdrückt werden.

Datenkompression ist zum einen wichtig, um Daten für all die Zwecke, denen sie dienen und für die man sie vorgesehen hat, zuerst einmal zu erhalten. Man muss sie also von irgendwo herbekommen. Und das bedeutet heutzutage, sie durch Datenleitungen zu schicken.

Dabei ist es von erheblicher Bedeutung, die Daten so stark wie möglich zu komprimieren, um die Transferzeit beim Versenden so gering wie möglich zu halten. Es macht meist einen enormen Unterschied, ob der Transfer vom Besitzer zum Anwender einen Tag oder nur eine Minute dauert. Diesen Unterschied bewirkt die Kompression. Das Verschicken von Daten wird heute kaum mehr ohne vorherige Kompression vorgenommen.

Doch Kompression ist nicht nur wichtig, um Datentransfers in überschaubaren Zeiträumen zu realisieren, sondern auch, um die erhaltenen Daten platzsparend zu speichern.

Die Kompression von Daten hat eine lange Geschichte. Man kann annehmen, dass schon die ersten Menschen, die Daten erhoben, gesammelt, gespeichert und weitergegeben haben, nach Möglichkeiten suchten, die Daten so aufzubereiten, damit all das zeit- und platzsparend möglich war.

Doch selbst wenn man nicht weit zurückgehen will, wird man feststellen, dass Datenkompression älter ist als die computergestützte Datenverarbeitung.

Die Kompression von Daten beinhaltet auch ihre Codierung. Kompression ist aber eine andere Art von Codierung, als es etwa Verschlüsselung ist. Die Kompression von Daten zum Zweck ihrer Übertragung will nicht verschlüsseln, sondern zugänglich machen. Eine solche Art von Codierung ist zum Beispiel der Morse-Code.

Zunächst: Was ist ein Code?

Es wäre überraschend, gäbe es für eine derart wichtige Sache nicht auch eine offizielle Definition. In der Tat ist es so. Fündig wird man bei der DIN-Norm 43000: Nach dieser Norm ist ein Code eine Vorschrift für die eindeutige Zuordnung von Zeichen eines Zeichenvorrats zu denen eines anderen Zeichenvorrats.

Diese Definition gilt auch für den Morse-Code, der Buchstaben, Zahlen und andere Zeichen in Abfolgen von Punkten und Strichen überführt. Werden diese Morsezeichen gesendet, steht der Punkt für ein kurzes Signal, der Strich für ein längeres Signal.

Auch der Morse-Code komprimiert bei der Übertragung

von Botschaften die Zeichen so, dass statistisch häufig auftretende Buchstaben und Zeichen die kürzesten Codewörter zugewiesen bekommen.

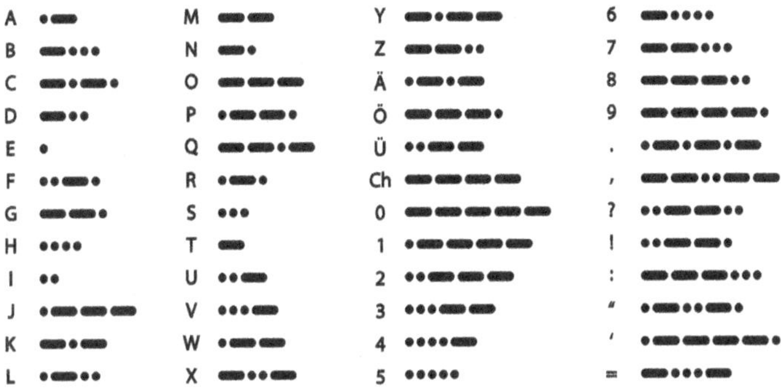

Abb. 15: Morsezeichen

Im Englischen sind die beiden meistverwendeten Buchstaben e und t. Wie man in der Morse-Tabelle sieht, werden beide nur durch ein einziges Zeichen dargestellt, einen Punkt bzw. einen Strich. Umgekehrt bekommen weniger häufig auftretende Buchstaben wie u. a. x, y, z die längsten Zeichenfolgen mit vier Symbolen zugewiesen.

Beim Morse-Code ist zu bedenken, dass er im Grunde drei Zeichen verwendet, denn zusätzlich zu Punkt und Strich ist ein Zeichen nötig, um das Ende eines Buchstabens zu signalisieren, sonst wären die Buchstabenpaare »ij« und »so« identisch mit jeweils drei Punkten und drei Strichen dargestellt. Das liegt daran, dass die Codewörter für einige Buchstaben als Anfangsstück für die Codewörter anderer Buchstaben fungieren.

Bei der Daten-Codierung tritt unweigerlich das Thema »Information« auf. Information ist dabei der Gegenbegriff zu Unsicherheit. Information bewirkt die Beseitigung von Unsicherheit.

Wenn man zum Beispiel einen einfachen Münzwurf betrachtet, so gibt es, bevor er ausgeführt wird, zwei mögliche Ereignisse, die jeweils mit den Wahrscheinlichkeiten ½ eintreten: Kopf und Zahl. Das ist die Unsicherheit über den Ausgang, die vor dem eigentlichen Münzwurf besteht. Durch das Ergebnis des Münzwurfes wird diese Unsicherheit beseitigt, indem der Ausgang nun feststeht.

Der Münzwurf hat also Information geliefert. Was er an Information geliefert hat, ist in gewissem Sinne das kleinste Informationsquantum. Man nennt es 1 Bit.

Mathematisch erfasst man es als $-\log_2 \frac{1}{2} = 1$ [Bit].

Der hier auftretende Logarithmus $log_2 x$ ist »der Logarithmus von x zur Basis 2«. Das ist nach mathematischer Definition jene Hochzahl, mit der man die Zahl 2 potenzieren muss, damit sich x als Ergebnis ergibt. Zum Beispiel ist $log_2 8 = 3$.

Man kann die obige Rechnung mit dem Logarithmus zur Basis 2 von ½ auch so formulieren, dass man nur eine einzige Ja/Nein-Frage benötigt, um die Information über den Ausgang des Münzwurfes zu erhalten: zum Beispiel »War es Kopf?«

Dieses elementare Konzept lässt sich leicht verallgemeinern. Bei zwei Münzwürfen gibt es vier mögliche Ausgänge, die man als 11, 10, 01, 00 schreiben kann und die alle die Wahrscheinlichkeit ¼ besitzen. Erfährt man, welches der vier Ereignisse eingetreten ist, hat man $-\log_2 \frac{1}{4} = 2$ Bit an Information gewonnen.

Wenn bei einem mit Unsicherheit behafteten Vorgang ein Ereignis mit Wahrscheinlichkeit p eingetreten ist, dann ist der Informationsgehalt bei einer Beobachtung dieses Ereignisses $-log_2 p$.

Sind bei einem Vorgang Ereignisse möglich, die mit Wahrscheinlichkeiten p_i eintreten, dann kann man nach dem mittleren Informationsgehalt pro Ereignis fragen, wenn man

den Output des Vorgangs beobachtet. Diesen mittleren Informationsgehalt erhält man, wenn man den Informationsgehalt jedes möglichen Ereignisses mit seiner Auftretenswahrscheinlichkeit gewichtet, also ein gewichtetes Mittel des Informationsgehalts der jeweiligen Ereignisse bildet.
Diesen mittleren Informationsgehalt pro Zeichen, den eine Quelle produziert, bezeichnet man als *Entropie.* Nach dem Gesagten ist die Entropie H also

$$H = -\sum p_i \log_2 p_i$$

Wenn man einmal annimmt, dass in unserem aus 26 Buchstaben plus Leerzeichen bestehenden Alphabet die Zeichen alle mit derselben Wahrscheinlichkeit von 1:27 in Texten auftreten, dann wäre der Informationsgewinn pro Buchstabe

$$\log_2 27 = 4{,}75$$

Das bedeutet, man benötigt 5 Bit, um alle Buchstaben durch eine 0–1 Abfolge für die Bearbeitung durch Computer zu codieren.
Man kann auch sagen, dass die Entropie von 4,75 im Schnitt die kleinste Zahl von Ja/Nein-Fragen darstellt, um einen Buchstaben zu erfragen.
Da es nicht nur um Buchstaben, sondern auch um Zahlen und viele andere Zeichen geht, wird für die Codierung all dieser Zeichen ein 8-Bit-Code aus Nullen und Einsen verwendet. Es ist der sogenannte ASCII-Code: Diese Abkürzung steht für American Standard Code for Information Interchange.
Alle Codeworte haben in ASCII die Länge 8, und insofern können damit $2^8 = 256$ Zeichen kodiert werden. Der Buchstabe »e« zum Beispiel hat die ASCII-Darstellung 01100101.

Da in ASCII jedes Symbol eine Länge von 8 Bit hat, braucht man keine Trennungszeichen zwischen Zeichen in der 0-1-Folge. ASCII hat eine Entropie von 8 Bit pro Zeichen.

Der Morse-Code basiert wie gesagt auf der einfachen Idee, dass Buchstaben, die mit hoher Wahrscheinlichkeit auftreten, kurze Codewörter haben und umgekehrt. Wenn also der i-te Buchstabe x_i eine Auftretenswahrscheinlichkeit von p_i und eine Codewortlänge von w_i hat, dann ist die mittlere Codewortlänge dieses Codes einfach das gewichtete Mittel der Codewortlängen:

$$L = \sum_i p_i \cdot w_i$$

Der theoretische Grenzwert für L, der die kürzestmögliche und in diesem Sinne sparsamste Codierung bezeichnet, ist die Entropie H. Das ist der Inhalt des sogenannten Quellencodierungssatzes von Claude Shannon, dem Vater der Informationstheorie. Nach diesem Satz ist stets

$$H \leq L$$

Berücksichtigt man die Buchstabenhäufigkeiten im Deutschen und die Länge der Morsezeichen für die einzelnen Buchstaben, dann ist die mittlere Codewortlänge beim Morse-Code $L = 4{,}1$.

Wird die deutsche Sprache mit einem computergerechten 0/1-Code codiert, dann ist die Entropie $H = 2{,}38$. Da ist also durchaus noch etwas Spielraum beim Morse-Code. Kein Wunder also, dass sich Wissenschaftler schon früh auf die Suche nach noch sparsameren Codierungen gemacht haben. Im Zuge dieser Bemühungen hielt Robert Fano am renommierten MIT in den USA 1951 bei den Elektroingenieuren ein Seminar über Codierungsmöglichkeiten. Er forschte schon länger auf diesem Gebiet und hatte kurz zuvor mit Claude Shannon einen Code entwickelt, dessen Anwendung Shannon-Fano-Codierung genannt wird.

Während des Seminars stellte Robert Fano seine Studenten vor die Wahl, sich am Semesterende einem schriftlichen Test zu unterziehen oder aber den sparsamsten 0/1-Code zu entwickeln und darüber einen Bericht zu schreiben.

Einer der Studenten in diesem Seminar war der 26-jährige David Huffman (1925–1999). Er entschied sich für die Abgabe eines Berichts. Einen Großteil des Semesters arbeitete er daran, einen optimalen 0/1-Code zu konstruieren. Aber es gelang ihm nicht. Als er aufgeben und seine Notizen in den Papierkorb werfen wollte, hatte er die entscheidende Idee für die Konzeption eines neuartigen Codes. »Es war ein grandioser Geistesblitz. Es war der eindrücklichste Augenblick meines Lebens (»It was the most singular moment of my life«)«, nannte er später diese intellektuelle Offenbarung.

Beflügelt von diesem Geistesblitz, dauerte es nicht lange, bis er den Code entwickelt hatte und dessen Vorzüge bei der Anwendung beweisen konnte. Heute spricht man von der Huffman-Codierung.

Die Shannon-Fano-Codierung liefert nicht immer die bestmögliche Codierung, im Gegensatz zur Huffman-Codierung. Woran man sehen kann, dass auch ein Studierender bisweilen zwei weltbekannte Koryphäen auf ihrem Gebiet mit einer eigenen intellektuellen Leistung übertreffen kann.

Die Leistung David Huffmans ist auch insofern erstaunlich, als sein Professor Robert Fano selbst schon einige Monate sehr intensiv nach dem optimalen Code gesucht hatte. Huffman äußerte später, dass er das Problem wohl nicht in Angriff genommen hätte, wenn er gewusst hätte, dass es

ein noch ungelöstes Problem war, an dem sein berühmter Professor schon ohne Erfolg gearbeitet hatte.
Sowohl der Code von Shannon-Fano als auch der von Huffman basieren auf einem Codierungsbaum. Huffman entdeckte, dass es günstiger war, mit den Zeichen mit den kleinsten Wahrscheinlichkeiten zu beginnen, diese zu einer Verzweigung zu verbinden und dann eine weitere Verbindung mit dem Zeichen mit nächstkleinerer Wahrscheinlichkeit herzustellen. Dieser Prozess wurde schrittweise fortgesetzt bis zur Wurzel des Baumes.
Shannon und Fano waren den umgekehrten Weg gegangen, indem sie sich von der Wurzel bis zu den Blättern des Baumes arbeiteten, was aber manchmal nicht die sparsamsten Codierungen lieferte.
Wir werden nun den Huffman-Code an einem Beispiel verdeutlichen. Es wird sich zeigen, dass Huffmans Idee wirklich sehr überzeugend und der Code an sich sehr einfach zu entwickeln ist. Er funktioniert auch, wenn statt der Wahrscheinlichkeiten für die zu codierenden Zeichen nur die Häufigkeiten der Zeichen im Text bekannt sind.
Nehmen wir als Beispieltext

ABRAKADABRA-KARAMBA

Der erste Schritt besteht darin, die Häufigkeiten der Zeichen, also der Buchstaben und des Bindestrichs, zu ermitteln.

Zeichen	A	B	R	K	D	M	-
Häufigkeit	8	3	3	2	1	1	1

Als Nächstes schreiben wir:

*A*8 *B*3 *R*3 *K*2 *D*1 *M*1 –1

als Knoten in eine Reihe. Das ist eine Kurzform obiger Tabelle.
Die Zeichen mit den geringsten Häufigkeiten sind D, M und der Bindestrich –. Wir haben deshalb die Wahl, welche zwei von den dreien wir als Zweig zusammenfassen. Nehmen wir M und den Bindestrich –.
Die Zahl 2 im Knoten der Verzweigung von Abbildung 16 ist die Summe der Häufigkeiten 1 + 1 der zusammengefassten Zeichen.
Diesen Prozess führen wir fort. Immer werden Knoten mit den geringsten Häufigkeiten zusammengefasst und deren Häufigkeiten addiert. Wenn wir eine Alternative haben, nehmen wir eine der Möglichkeiten. Schließlich kommen wir bei der Wurzel des Baumes an.
Damit ist die Hauptleistung erbracht. Nun werden an allen Verzweigungen Nullen und Einsen angebracht, zum Beispiel Nullen jeweils links und Einsen jeweils rechts.

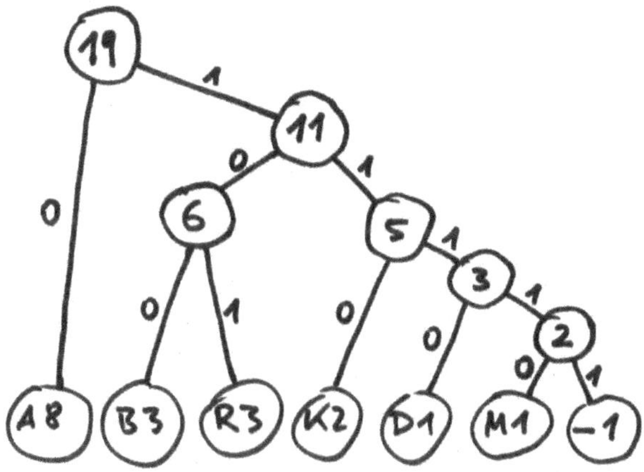

***Abb. 16:** Huffman-Code, Endzustand*

Aus dieser Belegung aller Zweige mit Nullen und Einsen können wir nun durch Herunterfahren von der Wurzel bis zu den Zeichen und schrittweises Notieren der Nullen bzw. Einsen am beschrittenen Pfad die Codewörter der Zeichen erstellen. Die folgende Tabelle enthält alle Codewörter:

Zeichen	A	B	R	K	D	M	-
Codewort	0	100	101	110	1110	11110	11111

Mit diesen Festlegungen wird der Klartext ABRAKADABRA-KARAMBA zum codierten Text:

0100101011001110010010101111111001010111101000

Das ist eine Abfolge von 46 Zeichen. Der ursprüngliche Text bestand aus 19 Zeichen. Mit der ASCII-Codierung hätte das eine Codelänge von $19 \cdot 8 = 152$ ergeben. Die Huffman-Codierung nimmt nur den Anteil von $46/152 = 0{,}303$ in Anspruch. Der Huffman-Code erreicht eine Ersparnis und damit eine Kompression von 69,7 Prozent.

Die mittlere Codewortlänge ist $46/19 \approx 2{,}42$ und kommt damit der Entropie von 2,38 sehr nahe. Er kann eine beeindruckende Eigenschaft für sich reklamieren: Der Huffman-Code ist der optimale Code für Codewörter mit ganzzahliger Länge. Er kann in diesem ganzzahligen Setting nicht unterboten werden.

Der Morse-Code (mit dem Bindestrich codiert als –••••–) hätte 72 Zeichen erfordert und damit eine mittlere Codewortlänge von $72/19 \approx 3{,}79$ erreicht, wobei die Trennungszeichen als Teil der Codierung auch mitgezählt werden müssen.

Der Huffman-Code benötigt keine Trennungszeichen. Er ist ein sogenannter Präfix-Code. Das bedeutet, dass kein Codewort des Huffman-Codes Anfangsstück eines anderen Codeworts ist. Deshalb kann man auch ohne Trennzeichen immer unzweifelhaft sagen, wo ein Codewort zu Ende ist und wann das nächste beginnt. Sie können sich an der Zeichenfolge oben leicht davon überzeugen. Sie werden sehen, dass es keine andere Möglichkeit gibt, die Codierung als ABRAKADABRA–KARAMBA zu lesen.

Abschließend sei der Huffman-Code noch in algorithmischer Schreibweise zusammengefasst:

1. Man erstelle für jedes Zeichen einen Knoten, der mit der Häufigkeit des Zeichens im Text versehen ist.
2. Wenn es nur zwei Knoten gibt, dann wird aus diesen eine Verzweigung erstellt. Damit ist der Huffman-Baum vollständig erstellt.
3. Andernfalls wählt man die Knoten mit den geringsten Häufigkeiten aus und macht daraus eine Verzweigung mit einem Knoten. Es kann sein, dass man dafür mehr als eine Möglichkeit der Auswahl zweier Knoten hat. An die Verzweigung wird die Summe der Häufigkeiten der beiden beteiligten Knoten geschrieben. Jeder Knoten ist also mit einer Häufigkeitszahl versehen.
4. Jetzt geht es zurück zu Schritt 2.

Da man bisweilen mehrere Möglichkeiten für die Auswahl zweier Knoten hat, gibt es auch alternative Huffman-Codierungen für denselben Text. Für unseren Beispieltext ist eine solche Alternative gegeben durch:

Zeichen	A	R	B	K	M	D	–
Codewort	0	110	101	1111	1110	1000	1001

Sie können leicht überprüfen, dass auch diese Codierung präfixfrei ist und ebenfalls 46 Nullen und Einsen braucht, um unseren Beispieltext zu codieren.

Huffmans Code machte seinen Schöpfer unter Mathematikern, Informatikern und Ingenieuren auf einen Schlag berühmt. Seine Idee, die Umsetzung in einen Code und die darauf aufbauenden Weiterentwicklungen treten auch heute noch in vielen Kompressionsverfahren auf, für Texte, Bilder und Tonfolgen wie zum Beispiel Fax, PNG, JPEG, MP3, MPEG, ZIP, DEFLATE etc.

Gut zu wissen: Lifehacks zur Zeitersparnis und Kostendämpfung

Ein Zeitersparnisrätsel: Koch Kuno hat eine Steakpfanne, in der es 10 Minuten dauert, ein Steak medium zu braten, 5 Minuten von jeder Seite. Die Pfanne erlaubt allerdings nur, höchstens zwei Steaks gleichzeitig zu braten. Wie viel Zeit braucht Kuno mindestens, um drei Steaks medium zu braten?

Lösung: Der einfachste Algorithmus würde darin bestehen, zwei Steaks in die Pfanne zu legen und diese zunächst 5 Minuten von der einen, dann 5 Minuten von der anderen Seite zu braten. Anschließend macht man das Gleiche mit dem dritten Steak. Die Gesamtbratzeit beträgt offensichtlich 20 Minuten.

Doch das ist nicht optimal. Mit der richtigen Strategie geht es schneller. Und es ist ein so schöner Algorithmus, der nicht nur die Herzen vieler Programmierer, sondern sicher auch vieler Köche in Schnellrestaurants höherschlagen lässt. Und vielleicht sogar auch das Ihre.

Man legt zwei Steaks in die Pfanne. Nach 5 Minuten kommt das entscheidende Manöver: Man dreht eines der Steaks um, nimmt das andere aus der Pfanne heraus und legt das noch nicht gebratene hinein. Nach weiteren 5 Minuten ist das erste Steak fertig, und man nimmt es aus der Pfanne. Die anderen beiden haben dann schon jeweils 5 Minuten auf einer Seite gebraten. Diese beiden muss man nur noch beide gleichzeitig für 5 Minuten auf den ungebratenen Seiten braten. Das macht in der Summe 15 Minuten, um alle drei Steaks medium zu garen.

Nun noch ein Kostendämpfungs-Hack für schlechte Zeiten: Die sparsame Chirurgin Chiara will selbst bei ihren Operationen möglichst ökonomisch mit den sterilen Latex-Handschuhen umgehen. Man könnte denken, sie benötigt für jede Operation ein Paar Handschuhe, denn sie will zur Vorsicht einerseits nicht mit dem Blut der Patienten in Berührung kommen, und andererseits soll keiner der Patienten mit dem Blut eines anderen in Berührung kommen. Mit ihrem kombinatorischen Charisma hat sie einen Algorithmus gefunden, bei Einhaltung der Vorsichtsmaßnahmen drei Patienten mit nur zwei Paar steriler Handschuhe zu operieren. Haben Sie eine Idee, wie das funktioniert?

Die Lösung erfordert Rangier-Raffinement: Chiara zieht sich für ihre erste Operation beide Paar Handschuhe an. Das zweite streift sie über das erste. Nachdem die erste Operation beendet ist, wird an beiden Händen der äußere Handschuh entfernt, und zwar ganz geschickt mit der Außenseite nach innen. Diese beiden Handschuhe, bei denen der mit Keimen belastete Teil innen ist, deponiert sie auf einer keimfreien Schale. Anschließend operiert sie den zweiten Patienten. Nach dieser zweiten Operation legt sie das Paar Handschuhe aus der Schale wieder an, indem sie es über das erste Paar zieht. Sie ist gegen die Keime aus den ersten beiden Operationen durch das untere Paar Handschuhe geschützt. Der dritte Patient, den sie nun operiert, ist gegen die Keime der ersten beiden Patienten dadurch geschützt, dass die äußere Seite des äußeren Handschuhpaares keimfrei ist und die Keime nur die Innenseiten kontaminieren. So genial einfach er auch ist: Ich hoffe für uns alle, dass die Zeiten nie so schlecht werden, dass dieser Lifehack zum Sparsamkeits-Standard gemacht werden muss …

Quantencomputer – der Beginn einer neuen Ära

Jüngst entwickelte Quantencomputer rechnen ein Vielfaches schneller als herkömmliche Computer und werden in nächster Zukunft die Welt des Computing und damit unser Leben revolutionieren. Grund genug, dass wir uns ansehen, wie das möglich ist.

Die heute verbreiteten klassischen Computer arbeiten mit Bits. Ein Bit ist, ganz allgemein gesprochen, ein Objekt, das nur zwei Zustände annehmen kann. Nennen wir diese Zustände der Einfachheit halber 0 und 1. Ein Beispiel ist ein Kippschalter, auf dem eine 0 und eine 1 stehen – ist die Seite mit der 0 gedrückt, ist er ausgeschaltet, und es fließt kein Strom. Ist die Seite mit der 1 gedrückt, fließt Strom, sodass zum Beispiel eine Glühbirne brennt und Licht gibt.

0 und 1: Diese beiden Zustände werden in den Prozessoren von klassischen Computern mithilfe von Stromflüssen dargestellt: »Strom fließt durch eine Leitung« entspricht dem Zustand 1. Und »Es fließt kein Strom durch eine Leitung« entspricht dem Zustand 0. Ein Schaltkreis mit Schalter und Glühlampe arbeitet genauso.

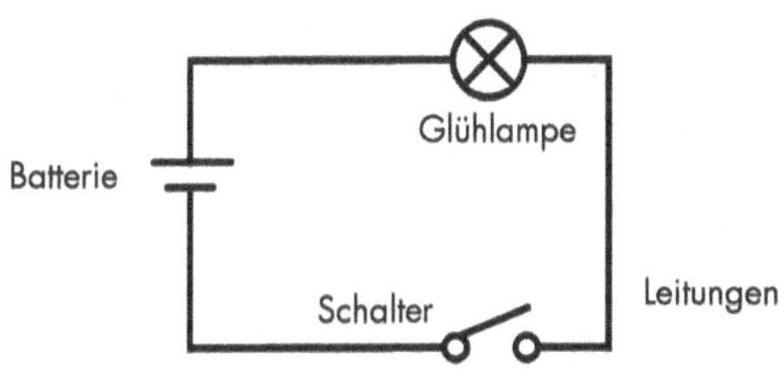

***Abb. 17:** Ein einfacher Schaltkreis. Nur im Zustand 1, wenn der Schalter geschlossen ist, leuchtet die Glühlampe.*

In klassischen Computern ist typischerweise eine große Anzahl von Schaltkreisen auf geschickte Weise so verbaut, dass sie im Zusammenwirken auf der Basis dieser beiden Informationen (Bits) 0 und 1 eine Vielzahl verschiedener Berechnungen durchführen können. Diese Berechnungen führen sie nacheinander aus, können dabei aber enorm schnell sein. Quantencomputer arbeiten dagegen nicht mit Bits, sondern mit den sogenannten Quantenbits, im Quantentheoretiker-Pidgin kurz Qubits genannt. Das Qubit kann sich in zwei Zuständen befinden, nennen wir sie (0,1) und (1,0). Es kann sich aber auch in einer Mischung dieser beiden Zustände befinden: Zum Beispiel im Zustand, der ein a-Faches des einen Grundzustands (1,0) und ein b-Faches des anderen Grundzustands (0,1) ist. Quantenphysiker drücken das mit dem Begriff Überlagerung oder Superposition aus.
Wir erfassen diesen Überlagerungszustand mit der Schreibweise

$$a \cdot (1,0) + b \cdot (0,1)$$

oder auch kurz durch (a,b), wobei die Zahlen a und b die Mischungsanteile der Grundzustände charakterisieren. Diese Zahlen a und b erfüllen in unserer Darstellung der Qubit-Zustände die Bedingung

$$a^2 + b^2 = 1$$

Man kann sich (a,b) als einen Punkt in einem zweidimensionalen Koordinatensystem mit x-Achse und y-Achse vorstellen oder noch anschaulicher als einen Pfeil, der vom Ursprung dieses Koordinatensystems bis zum Punkt mit x-Koordinate a und y-Koordinate b geht.
Da die Summe der Quadrate dieser beiden Koordinaten

nach obiger Formel den Wert 1 hat, hat der Punkt mit Koordinaten *(a,b)* den Abstand 1 vom Ursprung, und die Spitze des zugehörigen Pfeils liegt auf der Kreislinie eines Kreises um den Punkt (0,0) mit Radius 1. Der Pfeil hat also die Länge 1.

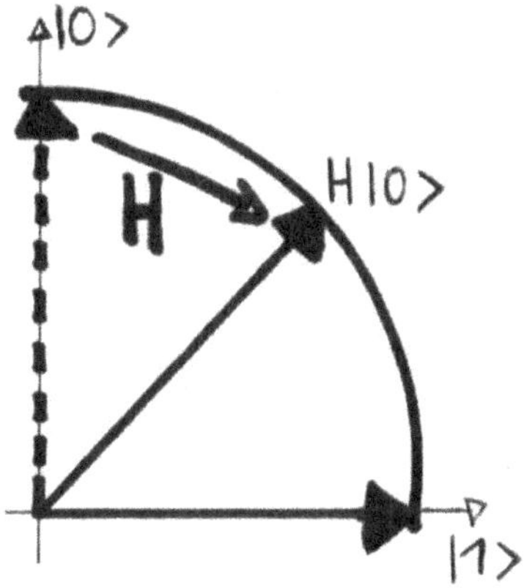

Abb. 18: *Zwei Zustände eines Qubits*

In obigem Diagramm symbolisieren der gestrichelte und der horizontale durchgezogene Pfeil zwei Zustände eines Qubits. Der gestrichelte Pfeil entspricht dem Grundzustand *(0,1)*, der in der Quantenphysik oft auch als |0⟩ dargestellt wird, der andere Grundzustand *(1,0)* entsprechend als |1⟩.
Der andere durchgezogene Pfeil ist gegenüber dem schraffierten Pfeil um 45 Grad gedreht und entspricht dem Zustand *(a,a)* mit $a = 2^{-½}$.
Wir geben noch ein Alltagsbeispiel, das einen einfacheren Zugang zum Verständnis von Bits und Qubits eröffnet: Ein Bit lässt sich als eine auf einem Tisch liegende Münze vorstellen. Wenn wir sie in Augenschein nehmen, liegt entweder der Zustand Kopf oben, den wir auch als 0 oder (0,1) schreiben können, oder der Zustand Zahl, also 1 bzw. entspre-

chend (1,0). Auch dies sind zwei Pfeile auf dem im Diagramm (Abbildung 18) dargestellten Kreis.

In diesem Münz-Setting lässt sich dann ein Qubit als eine in die Luft geworfene rotierende Münze vorstellen, die sich schnell um eine Achse dreht. Bei ihr ist es unmöglich zu sagen, welche Seite gerade oben ist, ob sie sich also im Zustand (1,0) oder (0,1) befindet.

Es ist gedanklich anschaulicher, bei der Rotation von einer Mischung dieser beiden Grundzustände zu sprechen. Eine rotierende Münze ist eine gute Analogie für ein Qubit und die Möglichkeit der Überlagerung von Grundzuständen.

Und die Analogie geht noch weiter: Wenn ich die rotierende Münze nun mit der Hand auffange, führe ich gewissermaßen eine »Messung« durch. Jedenfalls sehe ich dann, welche Seite oben ist, in welchem Zustand die Münze sich bei der Messung also befindet. Die Menge der unendlich vielen Rotations-Zustände, in denen sie sich gewissermaßen gleichzeitig befand, ist dann kollabiert, und bei der Messung ist sie nur noch in einem der beiden Grundzustände. So ist es auch mit Qubits, wenn an ihnen eine Messung durchgeführt wird.

Ein Quantenrechner ist ein Kind der Quantentheorie. Und die Quantenphysik verhält sich anders als die klassische Physik. Das haben wir beim Doppelspalt-Experiment schon gesehen.

Zwei besondere Eigenschaften der Objekte, die den Gesetzen der Quantenphysik gehorchen, sind für die beachtliche Effizienz und letztlich für die Überlegenheit von Quantencomputern gegenüber klassischen Computern verantwortlich.

Da ist zum einen die angesprochene Möglichkeit der Überlagerung von Zuständen und zum anderen die Möglichkeit der Kopplung von Zuständen bei verschiedenen Qubits.

Bei der ersten Möglichkeit spricht man von Quantenparallelismus und im zweiten Fall von verschränkten Zuständen.

Deshalb können Berechnungen konzeptionell anders durchgeführt werden. Klassische Bits können nur in einem der Zustände 0 oder 1 sein und die entsprechende Information speichern. Qubits dagegen können sich auch in einer Überlagerung dieser Zustände befinden und somit wesentlich mehr Information gleichzeitig repräsentieren. Quantengatter, die in Quantencomputern die Berechnungen ausführen, bearbeiten dann bei jeder Rechenoperation simultan all diese Informationen. Sie führen also eine Vielzahl von Berechnungen gleichzeitig aus, während klassische Digitalcomputer dies nur nacheinander tun können.

Es ist wahrscheinlich, dass Quantencomputer schon in den nächsten Jahren Einzug in unseren Alltag halten werden. Heute gibt es weltweit allerdings erst einige wenige funktionsfähige Exemplare, deren Nutzung fast ausschließlich Forschungseinrichtungen vorbehalten ist.

Halten wir also fest: Mit einem Bit kann ein herkömmlicher Computer insgesamt zwei Zahlen darstellen. Mit zwei Bits sind es vier Zahlen. Die beiden Bitwerte 0,0 repräsentieren die Zahl 0, die Bitwerte 0,1 die Zahl 1. Die Zahlen 2 und 3 werden durch 1,0 und 1,1 dargestellt.

Wichtig ist dabei, dass die beiden Bits zu jedem Zeitpunkt immer nur eine Zahl auf einmal darstellen können, weil sich jedes Bit immer nur in einem von zwei Zuständen befinden kann und nicht gleichzeitig in beiden.

In einer Disziplin, in der man alles ganz beliebig definieren und festlegen kann, kann man so einiges anstellen. Zum Beispiel festlegen, dass Qubits obiger Einschränkung nicht unterliegen, sich vielmehr in unendlich vielen Zuständen befinden können. Wie bei der rotierenden Münze kann man sich vorstellen, dass alle diese Zustände in einem gewissen Sinn gleichzeitig vorliegen, bis man durch eine Messung feststellt, ob es der Zustand (0,1) oder (1,0) ist.

Selbst wenn man nur von zwei Zuständen ausginge, die ein Qubit gleichzeitig annehmen kann, dann wird durch jedes neu hinzukommende Qubit die Anzahl der Zustände, die gleichzeitig darstellbar sind, verdoppelt. Bei 100 Qubits sind es schon 2^{100} gleichzeitige Zustände. Schon diese Anzahl der Zustände ist größer als die Anzahl der Atome im Universum.

Der andere, noch nicht näher erklärte Vorteil von Qubits besteht darin, dass sie auch miteinander gekoppelt sein können. Das bedeutet, dass ihre Zustandswerte nicht unabhängig sind, sondern dass zwischen ihnen ein Zusammenhang besteht: Die Zustände korrelieren miteinander. Der Fachbegriff der Quantentheorie lautet, dass die beiden Qubits quantenverschränkt sind.

In der Alltagssprache könnte man es so ausdrücken: Die Qubits wissen voneinander, insbesondere weiß jedes Qubit, in welchem Zustand sich das jeweils andere Qubit befindet. Selbst beliebig viele Qubits können im Prinzip auf diese Weise miteinander gekoppelt sein.

Ein Algorithmus für Quantencomputer endet mit der Durchführung einer Messung. Dann stellt sich beim Ensemble der beteiligten Qubits eine Kombination von Grundzuständen als Messergebnis ein.

Angenommen, von einem Quantencomputer wird eine Berechnung durchgeführt, und uns ist vorab schon bekannt, dass das richtige Ergebnis die Zahl 42 ist (die in einem auf Bits basierenden Zahlensystem als Ziffernabfolge 101010 geschrieben werden kann, wie wir gleich erläutern werden). Dann wird der Berechnungs-Algorithmus, der aus einer Vielzahl von sogenannten Gattern besteht, von denen jedes einzelne den Zustand der Qubits verändert, den Zustandspfeil des Gesamtsystems so drehen, dass mit großer Wahrscheinlichkeit der Zustand 101010 gemessen wird.

Da bei den Messungen der Zufall eine gewisse Rolle spielt, ist es wichtig, den Algorithmus mehrfach zu durchlaufen und viele Messungen vorzunehmen. So wird am Ende sichergestellt, dass im Wahrscheinlichkeitsprofil aller möglichen Messungen die Wahrscheinlichkeit für die Messung 101010 mit Abstand am größten ist.

Der Quantenparallelismus erlaubt den Quantenrechnern die Durchführung enorm vieler Berechnungsabläufe statt nur eines einzigen zu einem Zeitpunkt. Um ein Beispiel zu nennen, wo ihnen dies zugutekommt, betrachten wir das Problem, im Straßennetz einer Stadt den kürzesten Weg zwischen zwei Punkten zu finden.

Klassische Computer probieren eine Möglichkeit nach der anderen aus, während Quantencomputer alle Möglichkeiten gleichzeitig bei ihren Berechnungen verfolgen, um am Ende nach den erfolgten Messungen bei mehrmaliger Durchführung ein Wahrscheinlichkeitsprofil der kürzesten Wege zu liefern. Der kürzeste Weg stellt sich als der am häufigsten bei den Messungen auftretende heraus.

Ein Quantencomputer hat also die Fähigkeit, alle Lösungskandidaten gleichzeitig in den quantenmechanischen Algorithmus hineinzuschicken und mit allen gleichzeitig zu rechnen, um letztlich mit großer Wahrscheinlichkeit die richtige Lösung als Messung auszugeben.

Gehen wir nach diesem ersten Anlauf zum Aufwärmen nun noch etwas mehr in die Tiefe. Um normale Bits zu erzeugen, braucht man nicht viel. Sie sind ein abstraktes Konstrukt, das sich beliebig mit Inhalt füllen lässt. Wie schon erwähnt, kann es etwa ein Stromkreis mit einem Schalter sein, der dafür sorgt, dass eine Lampe mal an (Bitwert 1) und mal aus ist (Bitwert 0). Oder auch ein Kaugummi, das mal eingepackt ist und mal nicht eingepackt. Oder ein Buch, das mal oben im Regal steht, mal unten.

Computer arbeiten allerdings alle mit Stromfluss statt mit ein- oder ausgepackten Kaugummis oder Büchern in Regalen. Letztere haben sich doch als ein wenig sperrig für schnelle und komplizierte Berechnungen erwiesen, sodass es keinen Kaugummi- oder Bücherregal-Computer gibt.

Qubits hingegen kann man mit solchen Bildern nicht beschreiben, denn sie erfordern viel mehr technischen Aufwand. Um Qubits zu erzeugen, müssen zum Beispiel geladene Atome, die sogenannten *Ionen,* in elektrische Felder eingesperrt werden, in sogenannte Ionenfallen.

In diesen Ionenfallen können die Ionen mit Mikrowellenstrahlung in verschiedene Zustände gebracht werden, was nichts anderes bedeutet, als sie mit Informationen zu bestücken.

Die Zustände der Ionen können mit Mikrowellenstrahlung auch verändert und ihre Zustandswerte ausgemessen werden, was dem Ablesen des Ergebnisses ihrer Berechnungen entspricht.

Jedes einzelne Ion in einer Ionenfalle ist ein Qubit, das vor dem Auslesen in einem von enorm vielen Zuständen sein kann und nach dem Auslesen in nur noch einem von zwei Zuständen ist: $|0\rangle$ oder $|1\rangle$, allerdings mit unterschiedlichen Wahrscheinlichkeiten.

Die Erzeugung von brauchbaren Ionen und damit von Qubits stellt große technische Anforderungen. Selbst wenn die Ionen nur wenig Energie besitzen, bewegen sie sich immer noch rasend schnell. Es ist nahezu unmöglich, sie dann zu kontrollieren.

Je stärker allerdings die Umgebung abgekühlt wird, in der sie sich befinden, desto langsamer bewegen sie sich und desto leichter fällt die Kontrolle. Deshalb werden die Chips, auf denen die Ionenfallen platziert werden, bis fast auf minus 273,15 Grad Celsius heruntergekühlt, so nah wie technisch

möglich an den absoluten Temperatur-Nullpunkt. Derzeit geht das bis auf wenige tausendstel Grad.
Eine solche Abkühlung ist ein aufwendiger und sehr energieintensiver Vorgang, der sich von der Zimmertemperatur ausgehend über mehrere Tage erstreckt und große Kühlapparaturen erfordert. Am Ende dieses Vorgangs bewegen sich die Ionen nur noch langsam, und man kann sie sich wie Perlen auf einer Perlenkette aufgereiht vorstellen, jedes Ion in seiner eigenen Ionenfalle. Jedes Ion ein brauchbares Qubit.
Es wundert nicht, dass Qubits äußerst anfällige Geschöpfe sind, die gegen alle möglichen störenden Einflüsse wie kleinste mechanische Erschütterungen oder schwache elektromagnetische Umgebungsfelder abgeschirmt werden müssen.
Selbst bei den momentan bestmöglichen Verfahren der Abschirmung bleiben Qubits nur für wenige Bruchteile von Sekunden stabil und zerfallen danach spontan. Nur im Zustand der Stabilität können sie ihre Berechnungen durchführen, und die Berechnungen müssen vollständig abgeschlossen sein, bevor die Qubits zerfallen, sonst sind die Ergebnisse verloren.
Nur ein stabiles Qubit kann ausgemessen werden und einem Grundzustand zugeordnet werden. Bevor es ausgemessen ist, kann man es sich als Zustandsgemisch vorstellen, das bei der Ausmessung zwei mögliche Grundzustände mit verschiedenen Wahrscheinlichkeiten annimmt, die davon abhängen, wie nahe das Gemisch dem einen bzw. anderen Grundzustand ist.
Im Jahr 2021 hat Google der Welt einen Quantencomputer vorgestellt, der unter Verwendung von 53 Qubits eine Berechnung sehr viel schneller durchgeführt hat, als es selbst die schnellsten klassischen Höchstleistungsrechner vermögen.

Zwanzig Jahre zuvor, im Jahr 2001, hatte IBM bereits einen mit 7 Qubits arbeitenden Quantencomputer präsentiert, der zwar nur die Zahl 15 in ihre Primzahlfaktoren 3 und 5 zerlegen konnte, das aber mit Qubit-Berechnungen.

Frei programmierbare Quantencomputer für die breite Masse von Interessierten sind nach Meinung von Experten in etwa zehn Jahren zu erwarten. Eine ihrer Anwendungen dürfte dann die Zerlegung großer Zahlen in Primfaktoren sein. Das würde die gesamte RSA-Technologie zur Verschlüsselung geheimer Botschaften obsolet machen und die mit ihr bis heute verschlüsselten Botschaften ans Tageslicht befördern – hier stellt sich dann zwangsläufig die Frage nach der Datensicherheit.

Einer der gangbaren Wege zur Steigerung der Rechengeschwindigkeit wäre zunächst eine Kombination von Quantencomputern mit klassischen Computern. Denn wohl auch noch in absehbarer Zeit müssen Quantencomputer für spezielle Problemstellungen eigens angefertigt werden. In Kooperation mit klassischen Computern führt der Quanten-Kollege dann seine superschnellen Teilrechnungen aus, die vom klassischen Helfer weiterverarbeitet oder auf Richtigkeit geprüft werden.

Diese Computer-Teams sind schon bis zu Qubit-Anzahlen in der Größenordnung von einigen Tausend realisiert. Langfristig wird es aber wohl so sein, dass Quantencomputer unsere klassischen Computer vollständig verdrängen.

Um ein wenig mehr in die Details ihrer Funktionsweise zu gehen, sehen wir uns an, wie klassische Computer und wie Quantencomputer rechnen.

Beginnen wir mit den klassischen Rechnern. Soll ein klassischer Rechner überhaupt irgendetwas rechnen können, muss er Zahlen darstellen können. Er macht das mit den schon besprochenen Bits. Aber wie?

Zur Erläuterung sei ein kleiner 8-Bit-Computer betrachtet. Wir schreiben:

128	64	32	16	8	4	2	1	Zahl im Zehner-System
0	0	1	0	1	0	0	0	**40**
1	0	1	0	0	1	0	1	**165**
0	1	0	0	0	0	0	0	**64**
1	1	1	1	1	1	1	1	**255**

In der rechten Spalte der Tabelle stehen fett gedruckt einige Zahlen in unserem herkömmlichen Zahlensystem, das man auch als Zehnersystem oder Dezimalsystem bezeichnet. In der obersten Reihe von rechts nach links gelesen, stehen mit 1 beginnend Zahlen, von denen die jeweils folgende aus der vorhergehenden entsteht, indem sie mit 2 multipliziert wird. Nach der 1 kommt also die Zahl $2 \cdot 1 = 2$. Nach dieser 2 kommt die Zahl $2 \cdot 2 = 4$. Nach dieser 4 die Zahl $2 \cdot 4 = 8$. Das sind alles Potenzen der Zahl 2.

Und es kann schrittweise so weitergehen, im Prinzip beliebig lang und zu beliebig großen Zahlen. Wir haben die Zahlenreihe in der Tabelle bei 128 abgebrochen.

Mithilfe der Zweierpotenzen ist es möglich, jede Zahl in unserem vertrauten Zehnersystem durch eine Abfolge von Nullen und Einsen zu schreiben, das sogenannte Zweiersystem. Beginnen wir mit der Zahl 40. Wir suchen die größte Zweierpotenz, die gerade noch kleiner als 40 ist. Offensichtlich ist das die Zahl 32. Also machen wir an der Stelle der Zahl 32 eine 1. Sie steht für $1 \cdot 32 = 32$.

Durch Platzierung weiterer Einsen wollen wir auf 40 kommen. Wohlgemerkt: Wir dürfen nur Einsen und Nullen platzieren. Wir dürfen zum Beispiel nicht die zu 40 noch fehlenden 8 dadurch gewinnen, dass wir in der Tabellenspalte der Zahl 2 eine 4 setzen, da ja auch $4 \cdot 2 = 8$ ist. Alles andere als eine 1 oder eine

0 kommt nicht infrage. Deshalb ist es nötig, dass wir in der Spalte der Zahl 8 eine 1 setzen, was dann $1 \cdot 8 = 8$ bedeutet. Damit haben wir die zu 40 noch fehlenden 8 schon erreicht. Deshalb können wir in alle anderen noch freien Stellen der Zeile links von der Zahl 40 jeweils eine 0 einfügen.
Was haben wir damit geleistet?
Nun, wir haben es geschafft, die Zahl 40 durch eine Abfolge von Nullen und Einsen darzustellen als 00101000.
Dies ist eine Darstellung mit 8 Bit. Dabei ist es wichtig, diese Abfolge von rechts nach links zu lesen. Die Abfolge der 8 Nullen bzw. Einsen ist eine Abkürzung für die Schreibweise:

$$0 \cdot 1 + 0 \cdot 2 + 0 \cdot 4 + 1 \cdot 8 + 0 \cdot 16 + 1 \cdot 32 + 0 \cdot 64 + 0 \cdot 128$$
$$= 8 + 32 = 40$$

Im Prinzip hätte man sich die letzten beiden Summanden in der Darstellung, also die beiden Nullen nach der 32er-Stelle auch schenken können. Aber wir wollten eine 8-Bit-Darstellung, keine 6-Bit-Darstellung.
Wir haben nun die Zahl 40 im Zweiersystem dargestellt, das nur die Ziffern 0 und 1 verwendet, also nur Bitwerte. Damit kann ein klassischer Computer rechnen.
Wenn Sie mögen, können Sie die Darstellung von Zahlen des Zehnersystems durch Bitwerte einmal anhand der anderen Zahlen 165 und 64 und 255 in der Tabelle oben durchführen. Die Zahl 255 ist offenbar die größte Zahl, die im Zweiersystem mit 8 Bit darstellbar ist, denn bei ihr sind alle 8 Bitwerte gleich 1.
Zusätzlich zur Darstellbarkeit von Zahlen durch Bitwerte benötigt ein klassischer Computer auch noch Vorrichtungen, um Bitwerte zu verändern. Diese werden Gatter genannt.
Das einfachste ist das sogenannte NOR-Gatter, das einen Bitwert einfach ins Gegenteil ändert: eine 1 in eine 0 und

eine 0 in eine 1. NOR-Gatter wirken also auf einzelne Bits durch Umpolung ihres Bitwerts.
Ferner gibt es Gatter, die zwei Bitwerte als Eingabe benötigen. Das sind das UND-Gatter, das ODER-Gatter und das EXKLUSIVE-ODER-Gatter, auch XODER-Gatter genannt. Ihre Wirkungen sind in der folgenden Tabelle erfasst:

A	B	UND	ODER	XODER
0	0	0	0	0
0	1	0	1	1
1	0	0	1	1
1	1	1	1	0

Man kann diese Tabelle mit der Deutung von Bitwerten als Wahrheitswerte von Aussagen leichter verstehen. Die Aussagen in der Tabelle sind *A* und *B*, und die Bits geben deren Wahrheitswerte an. Der Bitwert 1 besagt: Die entsprechende Aussage ist wahr, und 0 bedeutet: Die entsprechende Aussage ist falsch.
Das Gatter UND entspricht in seiner Wirkung auf Bitwerte dem logischen »und« zweier Aussagen *A* und *B*, also der Gesamtaussage »A und B«. Diese Gesamtaussage ist dann und nur dann wahr, wenn beide Aussagen *A* bzw. *B* jeweils wahr sind. Die Gesamtaussage »Ich habe braune Haare und ich bin 180 cm groß« ist nur dann wahr, wenn ich erstens braune Haare habe und zweitens 180 cm groß bin. Habe ich keine braunen Haare oder bin nicht 180 cm groß, oder stimmt beides nicht, dann ist die Gesamtaussage falsch und bekommt den Bitwert 0 zugewiesen.
Beim ODER-Gatter ist die Gesamtaussage »A oder B« nur genau dann falsch, wenn erstens die Aussage A falsch ist und zweitens die Aussage B falsch ist. Das kann man den Bitwerten in der ODER-Spalte der Tabelle entnehmen.

Das EXCLUSIVE-ODER-Gatter unterscheidet sich vom ODER-Gatter nur dadurch, dass bei zwei wahren Aussagen A bzw. B die Gesamtaussage »A XODER B« falsch ist.

Diese Gatter lassen sich leicht durch einfache Schaltkreise mit zwei Schaltern und einer Lampe realisieren. Das UND-Gatter ist eine Hintereinanderschaltung zweier Schalter. Die Lampe in Abbildung 19 leuchtet nur, wenn der Schaltkreis geschlossen ist, was erfordert, dass die beiden Schalter jeweils geschlossen sind.

Geschlossene Schalter symbolisieren den Wahrheitswert »wahr« abgekürzt durch »1«. In den anderen drei Fällen, wenn also einer der Schalter oder auch beide geöffnet sind, fließt kein Strom, und die Lampe leuchtet nicht.

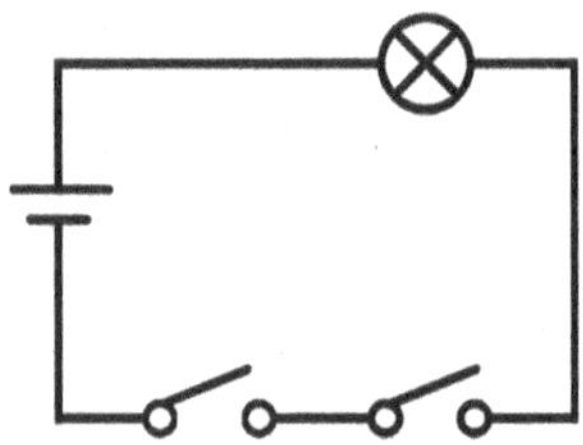

Abb. 19: *Ein UND-Gatter als Schaltkreis*

Abbildung 20 zeigt ein ODER-Gatter. Nur wenn beide Schalter offen sind (Wahrheitswert jeweils 0), fließt kein Strom zur Lampe, und sie leuchtet nicht.

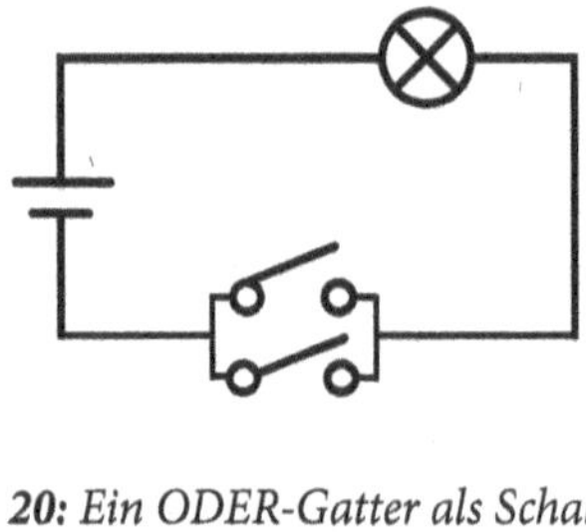

Abb. 20: *Ein ODER-Gatter als Schaltkreis*

Abbildung 21 zeigt die Umsetzung eines XODER-Gatters als Schaltkreis. Nur wenn ein Verbindungsstück an der Stelle 0 und eines an der Stelle 1 anliegt, fließt Strom zur Lampe.

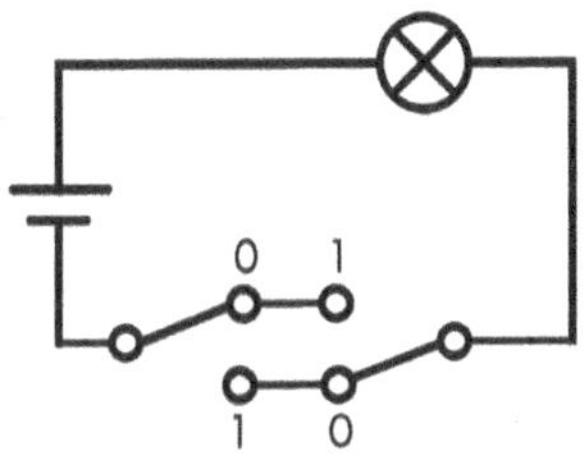

Abb. 21: *Ein XODER-Gatter als Schaltkreis*

So ausgerüstet wollen wir uns nun einen Rechner bauen, der nichts weiter erledigen soll, als zwei Bitwerte zu addieren. Die Ergebnisse sind in der folgenden Tabelle enthalten:

A	**B**	**A + B**	**Summe als Bit**	**ÜS**
0	0	0	0	00
0	1	1	1	01
1	0	1	1	01
1	1	2	10	10

Dieser Rechner heißt in der Informatik *Halbaddierer.* In der letzten Zeile taucht die Zahl 2 auf. Das ist die Summe von 1 und 1 im Zehnersystem. Für diese Zahl brauchen wir ein neues Zeichen innerhalb unserer Bitdarstellung in Spalte vier. Dieses Zeichen ist 10, in der Bedeutung von $0 \cdot 1 + 1 \cdot 2$ in der Bitdarstellung. Dann stocken wir auch die anderen Summenwerte auf Zwei-Bit-Länge auf. So wird aus 0 einfach 00 und aus 1 natürlich 01. Das ist in Spalte fünf festgehalten. *Ü* als Teil der Spaltenüberschrift steht für Übertrag und *S* für Summe.

Vergleichen wir nun die zweistelligen Rechenergebnisse mit den zuvor eingeführten Gattern, so benötigen wir für die

Bitwerte in der mit *Ü* überschriebenen Spalte ein einfaches UND-Gatter und für die Spalte *S* ein XODER-Gatter. Dann sind zwei Werten von *A* und *B* stets genau die richtigen Einträge in den Spalten *Ü* und *S* zugeordnet.
Auf diese Weise haben wir einen denkbar einfachen Computer konstruiert, der die Zahlen 0 und 1 ohne und nötigenfalls mit Übertrag addieren kann. Wir müssen nur schauen, ob in den zugeordneten Schaltkreisen die Lampen leuchten oder nicht.
Nachdem wir nun verstanden haben, wie ein Computer mit Übertrag addiert, können wir nun auch verstehen, wie er zwei mehrstellige Zahlen im Zweiersystem addiert.
Nehmen wir dazu die Zahlen 40 und 165 aus unserer obigen Tabelle. Wir schreiben sie zunächst im Zweiersystem untereinander:

00101000
10100101
11001101

In der dritten Zeile steht die Summe. Die spaltenweise Addition folgt den Rechenregeln
$0 + 0 = 0$
$0 + 1 = 1$
$1 + 0 = 1$
$1 + 1 = 0$ mit Übertrag 1 für die links angrenzende Spalte.
Durch diesen Übertrag ist in der Summe oben die zweite 1 von links entstanden.
Wandeln wir nun noch zur Kontrolle die erhaltene Summe 11001101 in die zugehörige Zahl im Zehnersystem um. Das ist leicht und führt zu

$$1 \cdot 128 + 1 \cdot 64 + 0 \cdot 32 + 0 \cdot 16 + 1 \cdot 8 + 1 \cdot 4 + 0 \cdot 2 + 1 \cdot 1 = 205$$

In der Schule addiert man natürlich meist im Zehnersystem. Auch in diesem System gibt es Überträge: Nach der Summe 9 in einer Spalte käme als Nächstes die Summe 0 für diese Spalte und der Übertrag 1 für die nächste Spalte links davon, also:

 40
165
205

Die Ziffer 2 ganz links ist die Summe aus der Anfangsziffer von 165 und dem Übertrag 1 aus der Spalte 6 + 4 = 10 rechts davon.
Damit haben wir einen Eindruck gewonnen, wie ein klassischer Computer Additionen ausführt. Und wir haben uns eine Pause verdient.

Aussagenlogisch
Eine Frau bittet ihren Mann, einen Computer-Programmierer, kurz einkaufen zu gehen: »Kauf bitte Tiefkühlpizza und wenn Eier vorhanden sind, bring zwölf mit.« Der Programmierer kommt mit zwölf Packungen Tiefkühlpizza nach Hause und sagt: »Eier waren vorhanden.«

Gehen wir nun zu den Quantencomputern über.
Zur Erinnerung: Qubits können sich sowohl in den beiden Grundzuständen als auch in beliebigen Zwischenzuständen befinden. Alle möglichen Zustände kann man mathematisch durch einen Punkt *(a,b)* in einem Koordinatensystem erfassen, wobei a^2 und b^2 sich sich zu 1 addieren. Die Grundzustände in dieser Darstellung sind dann (0,1) und (1,0). Die Zahlen *a* und *b* erfassen in gewisser Weise, wie sehr das Qubit im Grundzustand (1,0) und wie sehr es im Grundzustand (0,1) ist.

Erst wenn man ein Qubit misst, also mit einer Messapparatur darauf zugreift, stellt man als Messwert einen der beiden Grundzustände fest. Welcher das sein wird, ist vom Zufall abhängig und wird durch Wahrscheinlichkeiten festgelegt: a^2 ist die Wahrscheinlichkeit, dass das Qubit (a,b) als (1,0) gemessen wird, und b^2 ist die Wahrscheinlichkeit, dass der Messvorgang von (a,b) den Zustand (0,1) ergibt.
Auf welchen Zustand ein Qubit (a,b) kollabiert, wird also erst beim Messvorgang festgestellt, aber a und b und somit die Wahrscheinlichkeiten a^2 und b^2 kann man selbst nicht messen. Mit anderen Worten: Durch die Messung haben wir zufällig einen der beiden Grundzustände (1,0) oder (0,1) »ausgewählt«, wobei die Wahrscheinlichkeit jedes Messwertes durch den vor der Messung vorliegenden Zustand (a,b) festgelegt ist.
Von Quantencomputern wird jedoch nicht nur ein einzelnes Qubit verwendet. Wie lässt sich aber der kombinierte Zustand zweier Qubits beschreiben?
Der kombinierte Zustand zweier unabhängiger Qubits (a,b) und (c,d) lässt sich mathematisch erfassen durch die Darstellung mit vier Koordinaten

$$(a \cdot c, a \cdot d, b \cdot c, b \cdot d),$$

also durch einen Punkt in einem vierdimensionalen Koordinatensystem, wobei jeder Eintrag zu einer Wahrscheinlichkeit in Beziehung steht: Zum Beispiel ist $(a \cdot c)^2$ die Wahrscheinlichkeit, dass die beiden Qubits nach dem Kollaps aufgrund der Messung in den Grundzuständen (1,0) und (1,0) sind, $(a \cdot d)^2$ ist die Wahrscheinlichkeit für (1,0) und (0,1). Ferner ist $(b \cdot c)^2$ die Wahrscheinlichkeit für (0,1) und (1,0). Und schließlich ist $(b \cdot d)^2$ die Wahrscheinlichkeit für (0,1) und (0,1).

Der Zustand eines einzelnen Qubits (a,b) muss, wie erwähnt, die Gleichung $a^2 + b^2 = 1$ erfüllen, um einen Quantenzustand darzustellen. Analog dazu muss ein Zustand mit zwei Qubits die analoge Anforderung

$$(a \cdot c)^2 + (a \cdot d)^2 + (b \cdot c)^2 + (b \cdot d)^2 = 1$$

erfüllen.

Für die Settings mit zwei Qubits könnte man intuitiv vermuten, dass der allgemeine Zustand des Paares dadurch gegeben ist, dass man die allgemeinen Zustände der beiden Qubits kombiniert. Das ist der Fall bei unabhängiger Kombination.

Es gibt aber darüber hinaus noch weitere Zustände für das Qubit-Paar. Das sind die früher schon erwähnten verschränkten oder gekoppelten Zustände. Denn es lässt sich leicht nachweisen, dass es Zustände des Qubit-Paares gibt, die sich nicht als zwei unabhängige Ein-Qubit-Zustände darstellen lassen. Dazu gehört der sogenannte Bell-Zustand $(\frac{1}{\sqrt{2}}, 0, 0, \frac{1}{\sqrt{2}})$, den man für keine Wahl der Konstanten a, b, c, d als unabhängigen Kombinationszustand $(a \cdot c, a \cdot d, b \cdot c, b \cdot d)$ schreiben kann.

Wegen der mittleren Einträge im Bell-Zustand, die beide 0 sind, müsste nämlich a oder d den Wert 0 haben, was dann auch den ersten oder den letzten Eintrag zu 0 machen würde. Der Bell-Zustand ist damit keine unabhängige Kombination zweier Ein-Qubit-Zustände. Vielmehr handelt es sich bei ihm um eine Kopplung, bei der sich entweder beide Qubits im Zustand (1,0) oder beide im Zustand (0,1) befinden. Erst durch eine Messung entkoppelt sich dieser verschränkte Zustand des Paares in zwei einzelne Ein-Qubit-Zustände. Bei der Messung verhalten sich die beiden Qubits so, als würden sie miteinander in Kontakt stehen und hätten Informationen ausgetauscht, in welchen Zustand sie durch die Messung zu kollabieren gedenken.

Die Zustände eines einzelnen Qubits kann man, wie schon gesehen, mithilfe eines Pfeils visualisieren, der im Nullpunkt des Koordinatensystems beginnt und dessen Spitze auf der Kreislinie eines Kreises mit Radius 1 liegt. Auch für ein Qubit-Paar braucht man nur einen Pfeil, der sich aber in einem vierdimensionalen Koordinatensystem befindet.

Eine Manipulation von Zuständen durch sogenannte Quantengatter kann man bei einem einzelnen Qubit durch eine Drehung seines Pfeils um den Nullpunkt mit einem bestimmten Winkel, der von der vorgenommenen Manipulation abhängt, visualisieren. Eine Drehung des Pfeils, der zum Grundzustand (0,1) gehört, um 45 Grad im Uhrzeigersinn wird durch das sogenannte Hadamard-Quantengatter bewirkt (in Abbildung 18 mit H abgekürzt).

Manipulationen können zum Beispiel an nur einem Qubit des Paares vorgenommen werden, wodurch dann nur dieses Qubit seinen Zustand ändert. Doch es gibt auch Manipulationen, die das Qubit-Paar in einen anderen Zustand bringen.

Bevor wir nun die Arbeitsweise von Quantencomputern beschreiben, wollen wir einige geschichtliche Meilensteine des Quantencomputings erwähnen.

Quantencomputing basiert auf der physikalischen Quantentheorie. Schon in den 1950er-Jahren wurde die Hypothese geäußert, dass man einige spezielle Eigenschaften der Quantentheorie für Berechnungen einsetzen kann: Im Jahr 1959 hielt der Nobelpreisträger Richard Feynman einen Vortrag darüber, wie auf mikroskopischer Ebene an Elementarteilchen Manipulationen vorgenommen werden könnten, die mathematische Rechenverfahren möglich machen würden.

Der US-amerikanische Physiker Paul Benioff legte im Jahr 1980 ein theoretisches Konzept für einen Quantencomputer

vor. Er gilt heute als Mitbegründer der Quanteninformationstheorie. 1985 schrieb der an der Universität Oxford lehrende Physiker David Deutsch eine wissenschaftliche Arbeit darüber, wie sich ein klassischer Computer mithilfe der Quantentheorie simulieren lässt.
1994 erfand der amerikanische Mathematiker Peter Shor seinen Shor-Algorithmus, der eine Möglichkeit darstellt, mithilfe von Quantencomputern dereinst sehr große Zahlen zerlegen zu können. Das ist insofern wichtig, da mit diesem Shor-Algorithmus dann viele der heute immer noch verwendeten Verschlüsselungsverfahren geknackt werden können.
1995 schlug eine Gruppe theoretischer Physiker die Verwendung von extrem abgekühlten Ionen für die Erzeugung von Qubits vor. Und noch im selben Jahr konnte ein Team von Experimentalphysikern das Verfahren umsetzen und mit abgekühlten Ionen eine erste Rechenoperation durchführen.
Der kanadische Mathematiker Michele Mosca und der britische Physiker Jonathan Jones stellten 1998 an der Universität Oxford den ersten Quantencomputer mit zwei Qubits vor. Weniger als ein Jahr später präsentierte IBM den ersten Quantencomputer mit 3 Qubits. Wiederum knapp ein Jahr später gab es an der Technischen Universität München den ersten funktionstüchtigen Quantenrechner auf der Grundlage von 5 Qubits. Doch erst 2005 konnte eine Arbeitsgruppe um den deutsch-österreichischen Quantenphysiker Reiner Blatt den ersten Quantenrechner mit 8 Qubits zum Funktionieren bringen, ein Jahr später war am Massachusetts Institute of Technology bereits die Qubit-Anzahl von 12 erreicht. 2007 hatte wiederum IBM zunächst mit 12 Qubits und dann mit 50 Qubits die Nase vorn, wurde aber 2018 von Google mit einem 72-Qubiter überholt.
Auf der Grundlage dieser Maschine verkündete der Google-Forscher Julian Kelly »die Quantum Supremacy«, womit

gemeint war, dass auf der Grundlage der Quantentheorie rechnende Maschinen nun die klassischen Höchstleistungsrechner bei bestimmten Problemtypen übertroffen hätten. Andere Forscher zweifelten diese Behauptung allerdings an. Im selben Jahr wurden auch einige Start-ups gegründet, um Quantencomputer marktfähig zu machen.

2019 stellte IBM das *Q System One* vor, das in einem Rechenzentrum nicht nur für Forscher arbeiten soll. Und Ende 2019 nahm nun Google mit dem Quantenrechner *Sycamore* auf der Basis von 53 Qubits erneut die Quantum Supremacy in Anspruch. Sie traten den Beweis an, indem Sycamore in 200 Sekunden eine komplizierte Erzeugung von Zufallszahlen berechnete, für die der damals beste klassische Computer nach Schätzungen von Informatikern rund 10000 Jahre benötigt hätte.

Im Jahr 2021 schließlich ging das erste kommerziell nutzbare Quantencomputersystem in Stuttgart mit einem von IBM konstruierten Hauptcomputer in Betrieb. Damit können nun viele konkrete Berechnungen mit einem Quantencomputer durchgeführt werden.

Aber wie werden diese Berechnungen tatsächlich ausgeführt? Das kann man sich in etwa so vorstellen: Wenn wir eine mathematische Operation ausführen wollen, wie zum Beispiel die Berechnung einer Funktion F, die acht binäre Ziffern als Input benötigt und aus dieser Eingabe vier binäre Ziffern als Output ausgibt, dann benötigen wir für die Berechnungen einen Quantencomputer, der über 8 + 4 = 12 Qubits verfügt. Wir müssen dann ein Quantengatter konstruieren, das die Funktion *F* nachbildet.

Von den 12 Qubits sind 8 die Eingabe-Qubits für die Funktion, und 4 sind die Ausgabe-Qubits, aus denen das Ergebnis abgeleitet wird. Die 8 Eingabe-Qubits müssen durch Hadamard-Gatter zunächst so präpariert werden, das alle 2^8 möglichen Messergebisse für die Eingabe-Qubits allesamt gleich wahrscheinlich sind, also jeweils die Wahrscheinlichkeit $(\frac{1}{2})^8$ haben.

Nach diesen Vorarbeiten können die Berechnungen stattfinden. Alle 12 Qubits durchlaufen nun das quantenmechanische Gatter, welches als Darstellung der Wirkungsweise der Funktion *F* konstruiert wurde. Dieser Durchlauf bewirkt, dass die 4 Ausgabe-Qubits und die 8 Eingabe-Qubits verschränkt werden, also spezielle Kopplungseigenschaften aufweisen, die natürlich von der Funktion *F* abhängen.

Schließlich werden die 12 gekoppelten Qubits mehrfach ausgemessen und ergeben als Messungen die Abfolgen $(a, b, c, d, e, f, g, h, i, j, k, l)$. Aufgrund unserer Vorgehensweise können wir davon ausgehen, dass mit großer Wahrscheinlichkeit $F(a, b, c, d, e, f, g, h) = (i, j, k, l)$ ist. Da die gesamte Funktion F in die Verschränkung der Qubits eingebracht wurde, werden für alle möglichen Eingabewerte die Funktionswerte gleichzeitig berechnet.

Wir wollen nun zwei Algorithmen für Quantencomputer genauer untersuchen.

Der Grover-Algorithmus

Der Grover-Algorithmus ist einer der wichtigsten Quantenalgorithmen. Er wurde 1996 vom indischen Computerwissenschaftler Lov Grover entwickelt. Auch er ist einer der Titanen, die am Quantencomputing vor der Jahrtausendwende mitgedacht haben.

Sein Algorithmus wurde für die Aufgabe konzipiert, eine Datenbank nach einem Element mit gewünschten Eigenschaften zu durchsuchen. Das hört sich zunächst nach einem sehr eingeschränkten Tätigkeitsfeld an. Es ist aber zum einen

zu bedenken, dass die Datenbank außerordentlich groß sein und zum Beispiel aus den potenziellen Lösungen für irgendein beliebiges Problem bestehen kann.
Zudem kann das gesuchte Element mit den gewünschten Eigenschaften zum Beispiel die Lösung des genannten Problems sein.
So betrachtet ist klar, dass der Grover-Algorithmus sehr vielfältig einsetzbar ist: Sich angesichts einer großen Menge von *möglichen* Lösungen auf die Suche nach der *tatsächlichen* Lösung zu begeben, ist ja eine der grundsätzlichen Bemühungen in der Mathematik.
Der Grover-Algorithmus funktioniert nach dem Brute-Force-Prinzip. Er arbeitet also mit einer kompletten Durchmusterung der gesamten Menge möglicher Lösungen, wobei er mit einer »Prüfschablone« jeweils untersucht, ob ein gerade in Betracht gezogener Lösungskandidat die richtige Lösung zeigt. In großen Datenbanken ist das die Suche nach einer Stecknadel im Heuhaufen. Die Prüfschablone erlaubt es, die Spreu vom Weizen zu trennen. Mit ihrer Hilfe kann die richtige Lösung erkannt und jede Nicht-Lösung verworfen werden.
Da die Menge der Lösungskandidaten unermesslich groß sein kann, ist dieses Szenario ein maßgeschneidertes Setting für den Einsatz von Quantencomputern. Quantencomputer müssen nämlich nicht der Reihe nach alle Elemente einzeln prüfen, sondern besitzen die Fähigkeit, alle Lösungskandidaten gleichzeitig mit der Prüfschablone abzugleichen. Die tatsächlichen Lösungen passieren die Prüfschablone, die Nicht-Lösungen werden abgefangen.
Präziser kann man es so formulieren: Alle Lösungskandidaten befinden sich während der Zeit der Rechnung im Qubit-Ensemble. Am Ende der Rechnung wird gemessen, und dann gibt es ein einziges Ergebnis als Resultat der Messung. Und an dieser Stelle kommen, wie bereits beschrieben, Wahrscheinlich-

keiten ins Spiel. Denn auch falsche Lösungskandidaten können mit gewissen Wahrscheinlichkeiten Ergebnis der Messung sein, aber deren Wahrscheinlichkeiten sind gering, und bei häufiger Wiederholung der Berechnungen und Messungen kommen sie im Vergleich mit der tatsächlichen Lösung nur selten vor: Diese Wiederholungen machen aus großen Wahrscheinlichkeiten annähernd Sicherheiten.

Die Berechnungen beim Grover-Algorithmus werden durch eine an das Suchproblem angepasste Sequenz von Quantengattern vorgenommen. Wir werden deren Funktionsweise nun skizzieren. Dafür müssen wir weitere Hirnzellen mobil machen und verwenden eine Visualisierung, die auf Jens Marre zurückgeht.

Der Zustand eines einzelnen Qubits wird wie bereits gezeigt durch einen Pfeil dargestellt, der im Mittelpunkt eines Kreises mit Radius 1 beginnt und dessen Pfeilspitze auf der Kreislinie liegt. Im folgenden Bild symbolisiert der schraffierte Pfeil ein Qubit im Grundzustand $|0\rangle$.

Der schräg nach oben zeigende Pfeil entsteht aus dem schraffierten Pfeil durch eine Drehung um 45 Grad im Uhrzeigersinn. Die benötigte Drehung wird vom Hadamard-Gatter bewirkt, hier mit **H** dargestellt.

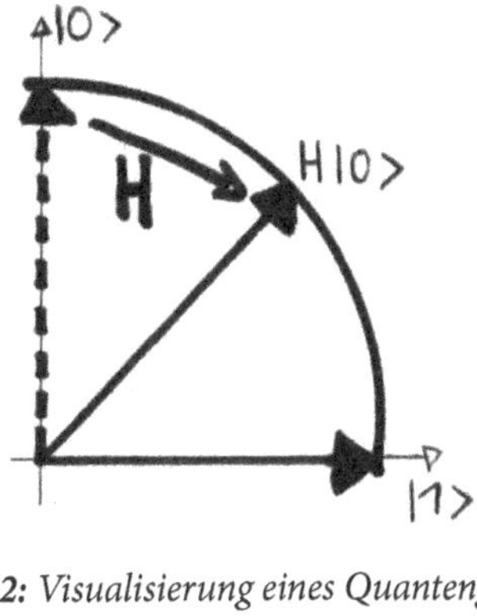

Abb. 22: *Visualisierung eines Quantengatters*

Der gedrehte Pfeil visualisiert einen Zustand, in dem die beiden Grundzustände |0⟩ und |1⟩ gleichmäßig überlagert sind, in dem also gleiche Anteile beider Zustände enthalten sind. Der Grover-Algorithmus benötigt ferner ein Quantengatter, das eine Spiegelung vornimmt. Nennen wir es **D**. Das Gatter **D** spiegelt das aktuelle Qubit $|x\rangle$ am Zustand **H|0⟩**.

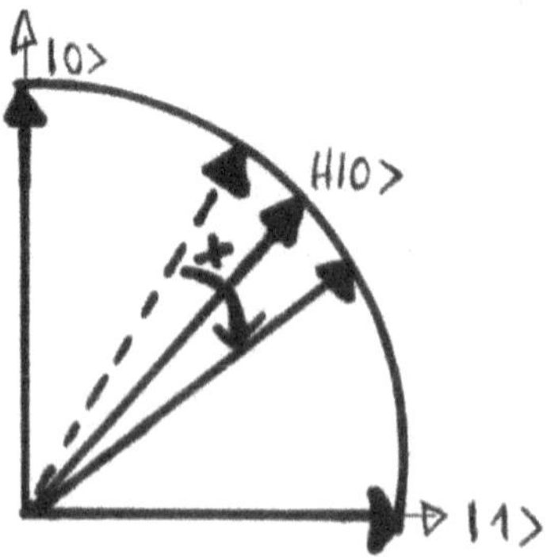

Abb. 23: *Spiegelung durch ein Quantengatter*

Das Diagramm beschreibt die Situation für ein einziges Qubit.

Nun betrachten wir das entsprechende Setting für ein Ensemble von insgesamt N Qubits. Auch den Gesamtzustand dieser N Qubits können wir durch einen einzigen Pfeil darstellen. Der Pfeil befindet sich jetzt allerdings in einer Kugel im 2^N-dimensionalen Raum. Das Koordinatensystem dieses Raumes hat dementsprechend 2^N Achsen. Und jeder dieser Achsen ist eine der 2^N möglichen Kombinationen von Nullen und Einsen zugeordnet. Diese Kombinationen von Nullen und Einsen sind die Grundzustände der N Qubits. Eine Achse entspricht zum Beispiel dem Grundzustand |1110110001⟩.

Auch für die Zustände in diesem höherdimensionalen Raum verwenden wir zur Visualisierung das obige Diagramm mit Pfeilen, die in einem Kreis liegen.

Um den Grover-Algorithmus zu beschreiben, benötigen wir drei Pfeile. Der erste Pfeil entspricht der Lösung des Suchproblems. Nehmen wir an, diese Lösung werde repräsentiert durch den Grundzustand $|10001101100\rangle$. Am Anfang ist die Lösung natürlich unbekannt. Sie soll ja mithilfe des Grover-Algorithmus gefunden werden. Wir nennen die zur Lösung gehörige Richtung kurz die Y-Achse.

Der zweite nun eingeführte Pfeil symbolisiert die gleichmäßige Überlagerung aller 2^N Grundzustände. Er entsteht, wenn wir auf alle N Qubits ein Hadamard-Gatter anwenden. Denn jedes Hadamard-Gatter, angewendet auf ein einziges Qubit in einem Grundzustand, führt zu einem Zustand, in dem die beiden Grundzustände gleichmäßig überlagert sind. Die Anwendung eines Hadamard-Gatters auf jedes der N Qubits in einem Grundzustand führt zu einem Gesamtzustand mit gleichmäßiger Überlagerung aller 2^N Grundzustände. Den zugehörigen Pfeil für diese gleichmäßige Überlagerung bezeichnen wir mit $|S\rangle$.

Das ist der Anfangspunkt der Berechnungen beim Grover-Algorithmus. Alle Achsen in diesem 2^N-dimensionalem Raum, und somit alle Kombinationen von Nullen und Einsen, haben den gleichen kleinen Anteil an $|S\rangle$.

Da $|S\rangle$, wie jeder Pfeil auf der Kugeloberfläche in dem 2^N-dimensionalen Raum, die Länge 1 hat, ist der Anteil jedes Qubit-Grundzustands an $|S\rangle$ nur ein kleiner Bruchteil von 1. Dieser Bruchteil ist genau $\frac{1}{\sqrt{2^N}}$.

Der Pfeil des Zustandes $|S\rangle$ der gleichmäßigen Überlagerung zeigt also nur mit diesem winzigen Anteil von $\frac{1}{\sqrt{2^N}}$ in Richtung der Y-Achse, also in Richtung der gesuchten unbekannten Lösung $|10001101100\rangle$.

Schließlich führen wir noch einen dritten Pfeil $|s\rangle$ ein: Dieser Pfeil entsteht, wenn wir aus der gleichmäßigen Überlagerung $|S\rangle$ den $|10001101100\rangle$-Anteil gedanklich subtrahieren. Die Richtung, in die der zu $|s\rangle$ gehörende Pfeil zeigt, wollen wir die X-Achse nennen. Der Winkel zwischen den Pfeilen der Zustände $|S\rangle$ und $|s\rangle$ ist klein und beträgt nur $\frac{1}{\sqrt{2^N}}$.

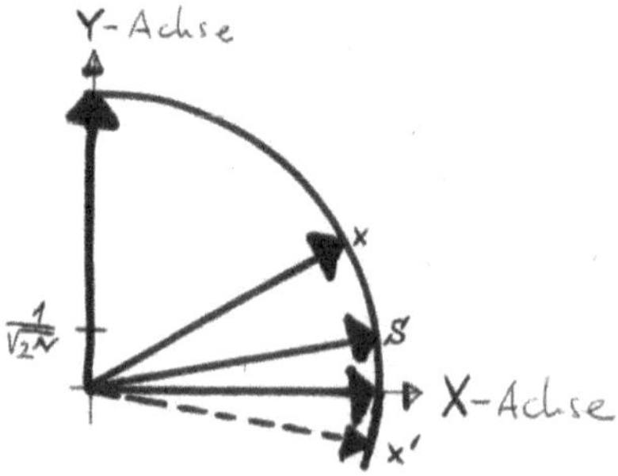

***Abb. 24:** Darstellung einiger Zustandspfeile*

Den jeweils aktuellen Zustand des Quantencomputers bezeichnen wir der Einfachheit halber immer mit $|x\rangle$ bzw. x oder mit x'. Typischerweise ist er eine Überlagerung verschiedener Grundzustände.

Den Anfangszustand für den Grover-Algorithmus bildet, wie schon erwähnt, der Zustand der gleichmäßigen Überlagerung aller Grundzustände, also $|S\rangle$.

Der Algorithmus arbeitet nun eine Reihe von Quantengattern nacheinander so ab, dass der Anfangszustand immer mehr in die Richtung der Lösung $|1000110 1100\rangle$ gedreht wird, also in Richtung der Y-Achse. Das geschieht mit einer Reihe von Spiegelungen.

Wir erinnern uns: Jedes Quantengatter verändert eine Überlagerung von Zuständen so, dass danach eine Überlagerung von veränderten Zuständen vorliegt. Auch die Prüfschablone zur Identifizierung der Lösung ist eine Zusammenschaltung von mehreren Quantengattern. Wir bezeichnen sie mit P.

P muss wegen seiner Funktionsweise folgendermaßen konstruiert sein: Wenn ein Grundzustand keine Lösung des Problems ist, bleibt dessen Anteil an der gesamten Überlagerung unverändert. Es muss also zum Beispiel $P|11001100110\rangle = |11001100110\rangle$ sein.

Wenn aber ein Grundzustand eine Lösung *ist*, wird dessen Anteil (und nur dessen Anteil) an der gesamten Überlagerung ins Negative umgekehrt. In unserem Beispiel ist also

$$P|10001101100\rangle = -|10001101100\rangle$$

Geometrisch bedeuten diese Festlegungen Folgendes: Das Prüfgatter *P* hält fast alle Anteile des Anfangszustands $|S\rangle$ konstant. Nur der Anteil in *Y*-Richtung wird bezüglich seiner Richtung umgekehrt. Geometrisch ist das eine Spiegelung an der *X*-Achse, in die ja der Pfeil des Zustands $|s\rangle$ zeigt.

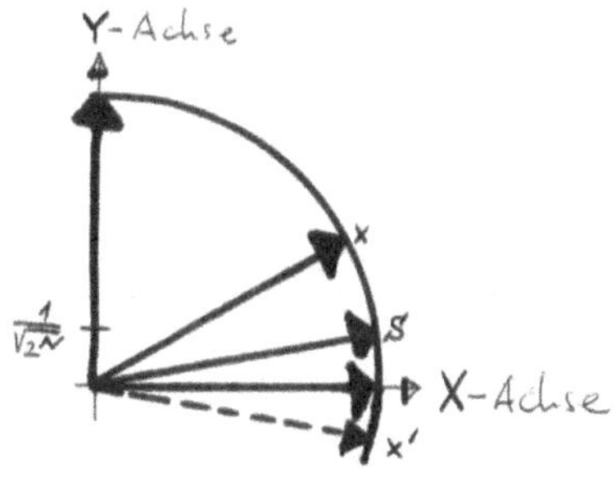

Abb. 25: *Annäherung an die Lösung durch Spiegelungen*

Mit diesem ersten Schritt ist noch keine Annäherung des entstehenden Pfeils x' an die Lösung $|10001101100\rangle$ verbunden. Eine Annäherung wird aber bewirkt, wenn wir im zweiten Schritt das entstandene x' nun an $|S\rangle$ spiegeln.

Der dadurch entstehende Zustand ist um den Winkel $\frac{2}{\sqrt{2^N}}$ näher an die Y-Achse gerückt, also um das Doppelte des Winkels zwischen $|S\rangle$ und $|s\rangle$.

Jetzt ist es Zeit für einen entscheidenden Aha-Moment: Immer wenn wir den aktuellen Zustand $|x\rangle$ zuerst an $|s\rangle$, also an der X-Achse, und dann an $|S\rangle$ spiegeln, dreht sich $|x\rangle$ um den Winkel $\frac{2}{\sqrt{2^N}}$ näher an die Lösungsrichtung Y heran. Dieses Spiegelungs-Paar muss circa $\frac{1}{2} \cdot 2^{N/2}$ Mal vollzogen werden, um zur Lösung zu gelangen.

Und das war's auch schon. Damit haben wir die Vorgehensweise der schrittweisen Annäherung an die Lösung verstanden.

Ein klassischer Computer würde alle 2^N Kombinationen einzeln durchprobieren und dafür im Schnitt $\frac{1}{2} \cdot 2^N$ Versuche brauchen, bis er auf eine Lösung stößt. Ein Quantencomputer mit Grover-Algorithmus benötigt lediglich $\frac{1}{2} \cdot 2^{N/2}$ Schritte. Das ist eine beachtliche Reduzierung des Arbeitsaufwandes:

Wenn ein klassischer Computer für eine Lösungssuche im Schnitt 1 000 000 Rechenschritte benötigt, schafft das ein Quantencomputer mit rund 700 Rechenschritten.

Der Shor-Algorithmus

Nun befassen wir uns mit dem Shor-Algorithmus. Auch er ist ein Meilenstein der Quantencomputer-Forschung und ihrer Anwendungen.

Eine seiner Anwendungen findet sich in der Kryptologie. Betrachten wir die Grundsituation des bereits besprochenen RSA-Verfahrens: Für eine Chiffrierung und Dechiffrierung werden zwei Primzahlen p und q und deren Produkt $N = p \cdot q$ gebraucht.

Bekanntlich ist es selbst für klassische Computer leicht, sehr große Primzahlen miteinander zu multiplizieren. Doch der umgekehrte Vorgang, also bei Kenntnis von N die beteiligten Primfaktoren zu errechnen, kann durch eine ausreichend große Wahl von p und q so gestaltet werden, dass das nicht in überschaubarer Zeit machbar und dadurch praktisch unmöglich ist. Deshalb kann beim RSA-Verfahren gefahrlos die Zahl N öffentlich bekannt gegeben werden.

Der Mathematiker Peter Shor hat aber eine Möglichkeit gefunden, aus der Kenntnis der Periode der Funktion

$$f(x) = c^x mod N$$

die Zahlen p und q zu erschließen. Wie das geht, möchte ich Ihnen nun zeigen. (Zur Erinnerung: *modN* bezeichnet einfach den Rest, der bei Division einer Zahl durch die Zahl N übrig bleibt: Zum Beispiel ist $9 mod 4 = 1$, denn bei der ganzzahligen Division von 9 durch 4 bleibt der Rest 1 übrig. N ist der sogenannte Modulus im RSA-Verschlüsselungsverfahren.)

Zunächst ist es sicher hilfreich zu wissen, was in diesem Kontext mit Periode gemeint ist.

Um das zu verstehen, beginnen wir mit einer Zahlenreihe, die mir über die Jahrzehnte wegen ihrer vielfältigen Eigenschaften ans Herz gewachsen ist. Dabei ist sie im Prinzip ganz schlicht. Es handelt sich um die Zahlen

$$1, 2, 4, 8, 16, 32, 64, 128, 256, 512, 1024, \ldots$$

Bei jeder weiteren Zahl kommt jeweils ein Faktor 2 dazu. Es handelt sich also um nichts anderes als die Zweierpotenzen 2^x.

Nun schauen wir uns an, was sich für die Primzahlen $p = 3$ und $q = 5$, also $N = 3 \cdot 5 = 15$, für die Funktion $f(x) = 2^x mod N$

ergibt. Wir teilen also die Zahlen der obigen Zahlenreihe durch 15 und interessieren uns nur für den Rest, der bei der Division verbleibt. Wir erhalten die Folge der Reste:

$$1, 2, 4, 8, 1, 2, 4, 8, 1, 2, 4, 8, 1, \ldots$$

Zur Begründung: Es ist

$$1 = 0 \cdot 15 + 1, 2 = 0 \cdot 15 + 2, 4 = 0 \cdot 15 + 4$$
$$8 = 0 \cdot 15 + 8, 16 = 1 \cdot 15 + 1 \text{ usw.}$$

In diesem Beispiel ist die Periode $w = 4$, denn leicht erkennbar ist dies die kleinste natürliche Zahl mit der Eigenschaft $f(x) = f(x + w)$ für alle x. Man kann es auch so sagen: Jeder Rest in der Reste-Abfolge wiederholt sich vier Positionen später.

Hätten wir statt $c = 2$ den Wert $c = 11$ in der obigen Funktion f gewählt, dann wäre die Periode sogar nur $w = 2$ gewesen. Auch das ist leicht zu prüfen, denn in der Folge der Potenzen von

$$1, 11, 121, 1331, 14641, \ldots$$

treten die Reste 1 und 11 bei Division durch 15 stets abwechselnd auf.

Damit wissen wir nun, was eine Periode ist.

Die Zahl c kann beliebig gewählt werden. Doch bei der Arbeit mit dem Shor-Algorithmus wird klar, dass wir bei der Festsetzung von c darauf angewiesen sind, dass bestimmte Voraussetzungen erfüllt sind. Dazu werde ich etwas sagen, sobald ersichtlich wird, welche das sind.

Arbeiten wir von nun an mit $c = 11$ und schauen, ob unser Vorhaben damit funktioniert. Gedanklich kann man die

Zahl c als eine Anfangsvermutung über einen Primfaktor von N auffassen. Aus dieser Vermutung werden dann in zwei weiteren Schritten p und q berechnet.

Nach diesem Vorspann können wir uns der zentralen Frage widmen, wie wir bei Kenntnis von Periode w und Modulus N die unbekannten Primzahlen p und q errechnen können, die N als Primfaktoren enthält: Aus denen N also, wie wir wissen, zusammengesetzt ist.

Mit diesem Ziel machen wir einen Ansatz und führen mithilfe von c zwei Zahlen x und y wie folgt ein:

$$x = c^{w/2} - 1$$
$$y = c^{w/2} + 1$$

Dann ist das Produkt von x und y gleich $c^w - 1$, und zwar nach der aus der Schulzeit bekannten Binomischen Formel. Von diesem letzten Ausdruck aber wissen wir, dass er bei Division durch N den Rest 0 ergibt, denn $c^w = 11^2 = 121$.

Wenn wir nun noch das Glück haben, dass weder x noch y durch N teilbar sind, dann enthalten weder x noch y alle Primfaktoren von N. Das Produkt von x und y ist nun wegen

$$x \cdot y = 0 mod N$$

ohne Rest durch N teilbar. Daraus folgern wir, dass $x \cdot y = k \cdot p \cdot q$ sein muss für irgendeine ganze Zahl k. Das in dieser Gleichung auftretende k können wir nun in zwei Faktoren k_1 und k_2 aufspalten, mit denen wir x und y so darstellen können::

$$x = k_1 \cdot p$$
$$y = k_2 \cdot q$$

Als gemeinsame Teiler (außer 1 oder N) von x und N bzw. von y und N können dann in beiden Fällen nur die Primfaktoren p bzw. q fungieren. Im konkreten Beispiel haben wir:

$$x = (11^{2/2} - 1) mod 15 = 11 - 1 = 10$$
$$y = (11 + 1) mod 15 = 12$$

Und der gemeinsame Teiler von 10 und 15 ist 5. Das ist einer der Primfaktoren von 15.
Der gemeinsame Teiler von 12 und 15 ist 3. Das ist der andere Primfaktor von 15.
Wie gesehen braucht man für die Ausführung von Shors Algorithmus die Hilfe des Zufalls. Man kann aber auch sagen: Man braucht etwas Glück.
Zunächst muss nämlich die Periode w eine gerade Zahl sein, damit die Aufspaltung mit der Binomischen Formel gutartig verläuft, also ganzzahlige Hochzahlen ergibt.
Ferner braucht man nochmals Glück, weil x und y beide nicht durch N teilbar sein dürfen.
Sollte uns das Glück auch nur bei einer dieser Anforderungen verlassen, müssen wir zurück zu der Stelle, wo wir bei $f(x) = c^x modN$ mit einer anderen Wahl für die Anfangsvermutung c einen weiteren Anlauf unternehmen.
Shor hat seinen Algorithmus entwickelt, als es noch nicht möglich war, Quantencomputer mit Qubit-Anzahlen in der benötigten Größenordnung zu bauen, um die aktuellen Verschlüsselungen mit dem RSA-Verfahren zu knacken. In nicht allzu ferner Zukunft dürfte das aber möglich sein.
Und dann sieht es schlecht aus für alle RSA-verschlüsselten Botschaften.

Meine Lieblingsstory über allwissende Computer

Ein Forscherteam hat in jahrelanger Arbeit einen Quanten-Supercomputer entwickelt. Angeblich kann er jede Frage beantworten. Ein Kaufinteressent bittet, ihn testen zu dürfen. Die Bitte wird ihm erfüllt, und er fragt den Computer: »Wo ist und was tut mein Vater gerade?«

Nach einer Weile antwortet der Superrechner: »Ihr Vater sitzt am Mississippi und angelt.«

Die Antwort des Kaufinteressenten: »Ahnte ich es doch, dass eure Supermaschine nicht alles weiß! Mein Vater ist seit drei Jahren tot.«

Die Entwickler sind ratlos. Bisher hatte ihr Wundercomputer alle Fragen tadellos beantwortet. Sie führen schließlich ein Troubleshooting durch und ändern die Einstellungen so, dass die Antworten detaillierter ausfallen. Den Kunden bitten sie, dieselbe Frage nochmals zu stellen. Diesmal antwortet der Computer: »Tot ist der Gatte Ihrer Mutter. Ihr VATER sitzt am Mississippi und angelt.«

Denkpause: Die Magie der Logik

Der Zenmeister erzählt einem seiner Schüler, dass er gestern eine Schachpartie verfolgt habe, die, wie im Schach üblich, mit einem Sieg für Weiß oder Schwarz oder Remis endete. Mit anderen Worten, Weiß erreichte 1 oder 0 oder ½ Punkte.

Er sagt seinem Schüler, dass dieser ihm eine Ja/Nein-Frage stellen dürfe, um zu erfragen, wie viele Punkte Weiß erreicht hat. Er, der Zenmeister, werde die Frage wahrheitsgemäß beantworten.

Wie kann der Schüler mit nur einer Ja/Nein-Frage das Ergebnis der Partie erfragen?

Die Lösung:

Der Schüler kann zum Zenmeister sagen: »Verehrter Meister, ich denke gerade entweder an die Zahl ¼ oder ¾. Hat Weiß in der Partie mehr Punkte erreicht als die Zahl, an die ich gerade denke?«

Sollte Weiß die Partie gewonnen haben, wird der Zenmeister mit »Ja« antworten. Sollte Weiß verloren haben, antwortet der Zenmeister mit »Nein«. Endete die Partie dagegen unentschieden, wird der Zenmeister wahrheitsgemäß mit »Das weiß ich nicht« antworten, weil es darauf ankommt, an welche Zahl der Schüler gerade denkt, ob diese Zahl größer oder kleiner als ½ ist. Das kann der Zenmeister aber nicht wissen.

Mit diesem Kunstgriff ist es dem Schüler gelungen, die zweiwertige Logik von Ja/Nein-Fragen in eine dreiwertige Logik umzuwandeln.

Showtime für die Quadratur des Kreises

Zum Thema ein Qualitätsfabrikat als Denkbild:

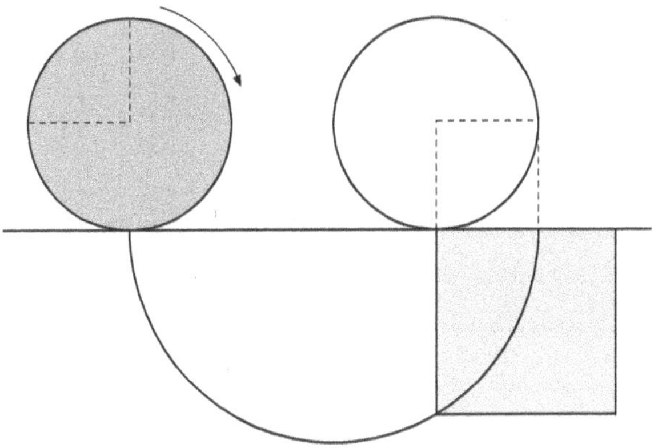

***Abb. 26:** Wie sich der Kreis selbst quadriert*

Die Quadratur des Kreises ist in die Alltagssprache eingegangen als das bekannteste Sinnbild für eine unmögliche Aufgabenstellung. Die Anspielung rührt daher, dass es tatsächlich mathematisch beweisbar unmöglich ist, allein mit den klassischen Hilfsmitteln der Antike, also mit Zirkel und Lineal, einen Kreis in ein Quadrat mit dem gleichen Flächeninhalt umzuwandeln. Das ist so weit vollkommen richtig. Aber wenn man keinen Zirkel und kein Lineal hat, dann ist es möglich. Denn dann quadriert sich der Kreis ganz von allein durch Abrollen. Diese Quadratur des Kreises durch Abrollen beschreibt Abbildung 26 ganz ohne Worte. Wozu weiter nichts zu sagen ist. Aber ist es Ihnen möglich, das Wie und Warum aus der Abbildung zu entnehmen?

Es ist nicht leicht, und deshalb könnte die detailliertere Abbildung 27 nützlich sein. Sie enthält einige Hilfslinien, die den Zweck erfüllen sollen, Sie die Quadratur des Kreises durch Abrollen nachvollziehen zu lassen, wenn Sie sich etwas in das Diagramm vertiefen und zum Beispiel an Pythagoras erinnern. Das ist jetzt Ihre Aufgabe. Und damit möchte ich Sie bis zum Beginn des nächsten Kapitels allein lassen.

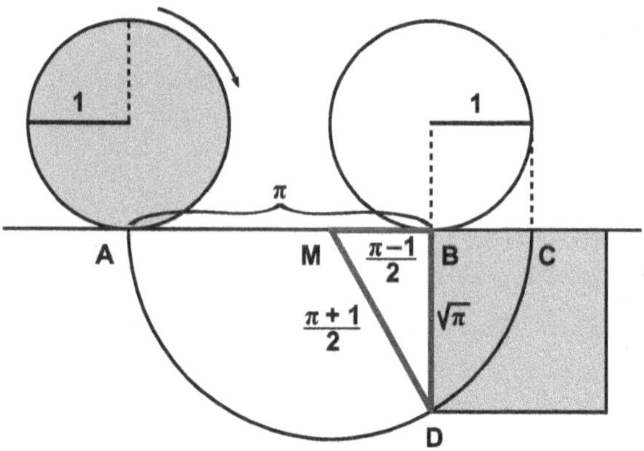

***Abb. 27:** Der sich selbst quadrierende Kreis, nach Christian Hesse und Vlad Sasu*

Denkpause: Die geometrische Rettung von Weihnachten

In Sachen Jahreszeit sind wir jetzt im Advent angekommen. Herr K hat eine sechsköpfige Familie. Fürs Weihnachtsfest möchte er aus den Familienmitgliedern vier Komitees bilden: ein Weihnachtsbaum-Komitee, das den Weihnachtsbaum kauft. Ein Weihnachtsschmuck-Komitee, das die Wohnung weihnachtlich schmückt. Ein Weihnachtsessen-Komitee, das das Weihnachtsessen vorbereitet, und ein Weihnachtskarten-Komitee, das an alle Freunde und Bekannte Weihnachtskarten schreibt.

Jedes Komitee soll aus exakt drei Mitgliedern bestehen. Jedes Familienmitglied soll in exakt zwei Komitees mitarbeiten. Und keine zwei Komitees sollen mehr als eine Person gemeinsam haben.

Alles klar?

So weit die vorweihnachtlichen Vorgaben von Herrn K. Aber lassen sie sich wirklich alle gleichzeitig umsetzen? Ist es möglich, aus sechs Personen vier Komitees mit jeweils drei Personen so zu bilden, dass jede Person zwei Komitees angehört und keine zwei Personen an zwei verschiedenen Komitees beteiligt sind?

Sollte das nicht möglich sein, oder sollte die Lösung in der Adventszeit nicht gefunden werden, will Herr K Weihnachten dieses Jahr gar nicht feiern.

Man kann lange an der Lösung herumprobieren. Und man kann versuchen, zumindest einige seiner Hirnwindungen um alle Anforderungen gleichzeitig herumzuwinden. Aber

das ist nur ein möglicher Zugang zum Problem. Warum also die gestellte Aufgabe nicht mal rein geometrisch bearbeiten? Können Sie dem folgenden Liniendiagramm alles Nötige entnehmen, um Weihnachten zu retten?
Falls noch ein kleiner Tipp nötig ist, dann könnte es dieser sein: Was ist, wenn jede Linie ein Komitee repräsentiert und jeder Schnittpunkt zwischen zwei Linien eine Person …?

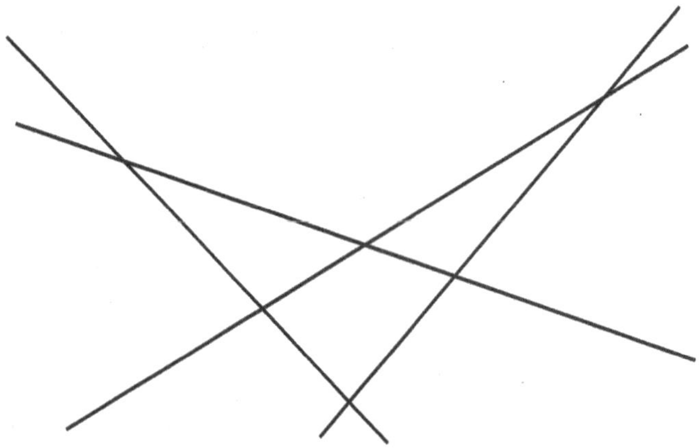

***Abb. 28:** Die Linienlösung des Komitee-Problems*

Neuronale Netze – die Grundlage künstlicher Intelligenz

Künstliche Intelligenz steht als Schlagwort für eine ganz neue Ära. Es ist eine Ära, die derzeit wie ein Sturm über uns hinwegfegt und unser Leben zunehmend prägt. Eine Ära, in der Maschinen selbstständig Entscheidungen zu treffen scheinen, lernend ihre Fähigkeiten verbessern und damit Probleme lösen. Das haben sie auch früher schon getan: in Form von Algorithmen, die für spezielle Aufgaben entwickelt wurden.

Das Neue ist nun, dass sie Aufgaben bewältigen, die ein Maß an Kreativität, Intelligenz und Lernfähigkeit erfordern, das jenes von Menschen weit übersteigt. Deshalb führen Maschinen, die auf der Basis künstlicher Intelligenz arbeiten, ihre Tätigkeiten besser aus, als Menschen das je könnten.

Algorithmen, die weitaus besser Schach und Go spielen als die menschlichen Weltmeister und diesen nicht einmal mehr den Funken einer Chance lassen. Algorithmen, die Fahrzeuge steuern und dabei weit weniger Unfälle machen als selbst die geübtesten Fahrzeugführer. Algorithmen, die bei Hautkrebs verlässlichere Diagnosen stellen als selbst die erfahrensten Mediziner.

All diesen Fähigkeiten liegt ein fast unscheinbar wirkendes Konstrukt zugrunde: neuronale Netze.

Traditionelle Algorithmen sind so programmiert, dass sie geeignete Datensätze als Input aufnehmen und daraus einen Output erzeugen, der eine gestellte Aufgabe löst. Der Weg vom Input zum Output geht über mathematische Berechnungen, die der Algorithmus intern abarbeitet. Am Ende bleibt der Algorithmus unverändert und hat in diesem Sinne, selbst bei einem Feedback, nichts hinzugelernt.

Damit klassische Algorithmen diese Aufgabe erledigen können, wird ihnen Wissen explizit einprogrammiert, zum Beispiel, indem die dem Wissen zugrunde liegenden Tatsachen, Strukturen und Regeln modelliert und so dem Algorithmus beigebracht werden.

Die Algorithmen des maschinellen Lernens leiten dagegen aus einer meist sehr großen Datenbasis selbst Regeln und Muster ab. Das ist die Lernphase, in der der Algorithmus aus dem Trainingsdatensatz ein statistisches Modell ableitet. Dieses Modell wird also direkt aus den Daten gelernt, ohne zusätzliche Wissens-Einprogrammierung von außen. In der sich anschließenden Testphase wird die Qualität des Modells an Daten überprüft, die nicht zur Entwicklung des Modells beigetragen haben. Ziel beim maschinellen Lernen ist letztlich, den Algorithmus nach Lern- und Testphase für ganz neue Daten einzusetzen.

Maschinelles Lernen ist einer der Schlüsselbegriffe des digitalen Zeitalters. Eine kurze Google-Suche fördert zutage, dass es 3,6 Millionen Seiten im deutschsprachigen Internet gibt, auf denen dieser Begriff eine Rolle spielt (im Januar 2024). Im Vergleich zum Ergebnis einer Google-Zählung für künstliche Intelligenz, die 113 Millionen Seiten ergab (im Januar 2024), zeigt das auch: Maschinelles Lernen ist ein Unterbegriff von künstlicher Intelligenz. Es ist der Teil, der beschreibt, wie Computer eigenständig aus einem Datensatz lernen, den man ihnen zur Verfügung gestellt hat. In diesem Datensatz können sie Muster und Zusammenhänge identifizieren.

Lernen bedeutet in diesem Fall, dass die Computer im übertragenen Sinn an kleinen internen Stellschrauben und

Reglern teils winzige Änderungen der Einstellungen vornehmen, die es ihnen erlauben, die im Trainingsdatensatz erworbenen Fakten aufs Ganze gesehen immer besser aufzuspüren, abzugleichen und zu verarbeiten. Anschließend können sie mit dem gelernten Wissen auf der Grundlage neu präsentierter Daten zum Beispiel Einschätzungen abgeben oder Vorhersagen treffen.

Lässt man ihnen für die Qualität ihrer Einschätzungen und Vorhersagen Feedback zukommen, so können sie sich mit diesem Feedback abermals verbessern, und sie werden beim nächsten neu präsentierten Datensatz zu demselben Thema wahrscheinlich noch besser performen.

Insofern lässt sich sagen, dass Algorithmen des maschinellen Lernens in der Lage sind, quasi selbstständig durch die aufgrund von Musterabgleich erworbenen Erfahrungen zu lernen und die Aufgabe, für die sie konstruiert wurden, mit jeder neuen Erfahrung und jedem weiteren Feedback besser zu erledigen.

Der Algorithmus hat sich aufgrund der mit dem Datensatz gemachten Erfahrungen und des Feedbacks verändert, indem er sich besser an die zu bewältigende Aufgabe angepasst und insofern dazugelernt hat.

Kurz gesagt: Um die bisweilen sehr schwierige Aufgabe zu umgehen, einen festen Algorithmus zu programmieren, der eine bestimmte Aufgabe ausführt (etwa einen Text zu übersetzen), was oft beinhaltet, ihm eine enorme Menge von Wissen einzuprogrammieren (zum Beispiel über die Grammatik der beteiligten Sprachen), kann man einen Algorithmus entwerfen, der als Input übersetzte Texte von der einen Sprache in die andere Sprache akzeptiert, hieraus lernt und, wenn der Input-Pool von übersetztem Text groß genug war, dann auch einen neuen ihm vorgelegten Text gut zu übersetzen vermag. Das von Google verwendete Übersetzungspro-

gramm DeepL arbeitet im Wesentlichen mit diesem an sich einfachen Strickmuster.
Man kann es noch viel einfacher am Beispiel einer Identifikationsmaschine erläutern, die nur zwischen Hunden und Katzen unterscheiden soll: Man füttert die Maschine mit einem großen Pool von Bildern, die jeweils einen Hund oder eine Katze zeigen, und trainiert sie, indem man die Maschine bei jedem Bild mit der Information versorgt, ob es sich um einen Hund oder eine Katze handelt. Ist der Pool groß genug, lernt die Maschine daraus, generell Hunde und Katzen zu unterscheiden. Dann kann sie auch bei neuen Hunde- oder Katzenbildern mit großer Wahrscheinlichkeit zwischen beiden Tierarten gut unterscheiden. Werden Algorithmen des maschinellen Lernens mit Big Data als Input kombiniert, sind sie nicht selten extrem zuverlässige Tools.
Die nächste Frage lautet nun: Wie bringt man einen solchen Algorithmus dazu, aus falschen Antworten die richtigen Schlüsse zu ziehen? Das heißt: Aus Fehlern zu lernen, und zwar selbstständig.
Um diese Frage zu beantworten, gehen wir zurück zu den Anfängen, als die künstliche Intelligenz noch in den Kinderschuhen steckte.
Die Anfänge liegen nicht in der Informatik oder der Mathematik, sondern in der Psychologie. Denn im Jahr 1957 erfand der Psychologe Frank Rosenblatt das Perzeptron. Es war einer Zelle des menschlichen Gehirns nachgebildet, einem sogenannten Neuron.
Neuronen sind untereinander durch sogenannte Dendriten verknüpft. Über diese Verbindungen erhalten sie von anderen Neuronen elektrische Signale und sammeln und bündeln sie zu einem Gesamtsignal. Wenn dieses Gesamtsignal hinreichend groß ist, also einen Schwellenwert überschreitet, sendet das Neuron einen elektrischen Impuls an

andere Neuronen. Ist das Gesamtsignal nicht stark genug und bleibt unterhalb des Schwellenwerts, dann wird kein Impuls weitergeleitet.

Frank Rosenblatt imitierte solche Neuronen durch einen Kreis, an dem mehrere Verbindungslinien endeten und von dem eine Verbindungslinie zu einem weiteren Kreis ausging. Die Verbindungslinien waren mit Zahlenwerten versehen, den sogenannten Gewichten w_1, w_2, … Die Inputs von den Neuronen wurden als binär modelliert, hatten also nur die möglichen Werte 1 oder 0.

Die Gewichte bei jedem Input repräsentierten die Wichtigkeit jedes entsprechenden Inputs. Und der Gesamtinput des Neurons war die Summe der Gewichte derjenigen Eingangsneuronen mit Output 1. Also das gewichtete Mittel aller Inputs (0 oder 1), aller zum Neuron führenden Eingangssignale. Wenn dieses gewichtete Mittel mindestens so groß war wie der Schwellenwert, dann gab es auch einen binären Output.

Damit war das Perzeptron geboren.

Man könnte etwas lapidar auch sagen, ein Perzeptron ist ein Kreis mit einer Zahl drin. Diese Zahl errechnet sich aufgrund der Inputs der eingehenden Neuronen und ergibt durch Vergleich mit einem Schwellenwert einen Output von 0 oder 1.

Hier ist eine schematische Darstellung:

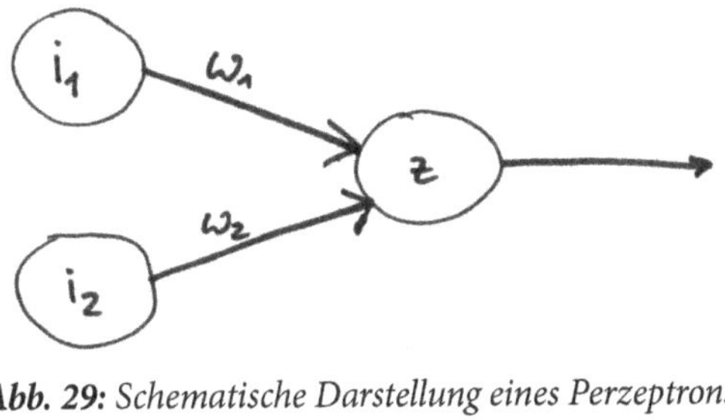

Abb. 29: *Schematische Darstellung eines Perzeptrons*

Nehmen wir einmal an, Sie wollen entscheiden, ob Sie am Abend zu einem Vortrag gehen, und Ihre Entscheidung hängt von folgenden Faktoren ab:

Das Thema ist interessant: $x_1 = 1$ (ja) $x_1 = 0$ (nein)
Der Redner ist gut: $x_2 = 1$ (ja) $x_2 = 0$ (nein)
Der Vortrag findet in der Nähe statt:
$x_3 = 1$ (ja) $x_3 = 0$ (nein)
Die Wettervorhersage für den Abend ist günstig:
$x_4 = 1$ (ja) $x_4 = 0$ (nein)
Ihr Freund kommt mit: $x_5 = 1$ (ja) $x_5 = 0$ (nein)
Es gibt Snacks: $x_6 = 1$ (ja) $x_6 = 0$ (nein)

Die zugehörigen Gewichte sind:
$w_1 = 0{,}9$
$w_2 = 0{,}7$
$w_3 = 0{,}3$
$w_4 = 0{,}5$
$w_5 = 0{,}4$
$w_6 = 0{,}2$.

Ihr persönlicher Schwellwert ist 1,5. Das bedeutet, dass Sie zum Vortrag gehen werden, wenn das Thema interessant ist, Ihr Freund mitkommt und Snacks serviert werden:

$$w_1 + w_5 + w_6 = 0{,}9 + 0{,}4 + 0{,}2 = 1{,}5.$$

Oder wenn der Redner gut ist, der Vortrag in der Nähe stattfindet und die Wettervorhersage günstig ist:

$$w_2 + w_3 + w_4 = 0{,}7 + 0{,}3 + 0{,}5 = 1{,}5.$$

Auch ein interessantes Thema und ein guter Redner allein reichen Ihnen schon für eine Teilnahme:

$$w_1 + w_2 = 0{,}9 + 0{,}7 = 1{,}6.$$

Nicht aber, wenn diese Aspekte beide fehlen:

$$w_3 + w_4 + w_5 + w_6 = 0{,}3 + 0{,}5 + 0{,}4 + 0{,}2 = 1{,}4$$

Das Perzeptron bildet die Grundstruktur eines neuronalen Netzes. Genauer gesagt bestehen neuronale Netze aus vielen einzelnen Perzeptrons, die in Schichten angeordnet und von Schicht zu Schicht miteinander verbunden sind. Erst in diesem Setting entfalten Anhäufungen miteinander verbundener Perzeptrons ihre ungemein mächtige Wirksamkeit.

Wir zeigen das wieder an einem einfachen Beispiel, es ist eine Modifikation des ersten Beispiels: Sie wollen entscheiden, ob Sie am Abend einen Vortrag besuchen. Diesmal sind die Interessantheit des Themas und die Qualität des Redners die einzigen Kriterien. Aber Ihre Bewertung ist differenzierter. Anstatt beides auf einer binären Skala einfach mit Ja = 1 oder Nein = 2 zu bewerten, erweitern Sie die Skala auf vier mögliche Bewertungen aus dem Zahlenbereich 1, 2, 3, 4.

Dabei bedeutet 1 »sehr schlecht«, und 4 bedeutet »hervorragend«. Sie entscheiden sich, den Vortrag zu besuchen, falls die Summe beider Bewertungen (Interessantheit des Themas und Qualität des Redners) einen Wert von 5 oder mehr ergibt.

Dieses extrem einfache Entscheidungsprinzip wollen wir durch ein neuronales Netz repräsentieren und dann dem neuronalen Netz beibringen, selbst Entscheidungen in Ihrem Sinne zu treffen.

Dem neuronalen Netz werden zunächst einige Informationen mitgeteilt – im Allgemeinen sind das Trainingsdaten –, anhand derer es lernen kann, wie Sie sich in bestimmten Situationen verhalten, zum Beispiel zu einem Vortrag zu gehen oder nicht. Das Netz lernt in dem Sinne, dass es ein Modell konstruiert. Dieses Modell konstruiert es durch die optimale Anpassung von Gewichten. Das sind gewissermaßen Stellschrauben, an denen gedreht werden kann, sodass es bei einem bestimmten Lern-Input dem bekannten Ziel-Output möglichst nahe kommt. Nachdem es in dieser Weise gelernt hat, wendet es das konstruierte Modell auf neue Inputs an, für die es keinen Ziel-Output besitzt. Diesen Output wird das neuronale Netz dann mit seinen optimierten Gewichten berechnen.

Beginnen wir also:

Sie haben bei Ihren Recherchen festgestellt, dass Sie den Interessantheitsgrad des Vortragsthemas mit 2 bewerten und die Qualität des Redners mit 3. Die Summe ist also 5, und Sie planen deshalb, den Vortrag zu hören.

Das ist die einzige Information, die wir dem neuronalen Netz zur Verfügung stellen: Dass Sie planen, beim Interessantheitsgrad 2 und bei einer Rednerqualität 3 zum Vortrag zu gehen. Wir wählen folgende einfache Struktur für das neuronale Netz:

Eine Input-Schicht bestehend aus zwei Neuronen, deren Zahlen mit i_1 und i_2 erfasst werden. Eine Zwischenschicht, meist Hidden Layer genannt, bestehend aus zwei Neuronen, deren Zahlen mit h_1 und h_2 dargestellt werden, und einer Output-Schicht, die nur aus einem Neuron besteht, dessen Wert mit A angegeben wird.

Die Gewichte zwischen i_1 und h_1 bzw. h_2 sind w_1 bzw. w_3. Die Gewichte zwischen i_2 und h_1 bzw. h_2 sind w_2 bzw. w_4. Und schließlich: Das Gewicht zwischen h_1 und A ist w_5. Das Gewicht zwischen h_2 und A ist w_6.

Um das neuronale Netz anzupassen, brauchen wir zunächst die Gewichte. Wir arbeiten mit den beliebig festgesetzten Anfangsgewichten

$w_1 = 0{,}2$
$w_2 = 0{,}1$
$w_3 = 0{,}1$
$w_4 = 0{,}05$
$w_5 = 0{,}1$
$w_6 = 0{,}15.$

Die bereitgestellte Information ist $i_1 = 2$ und $i_2 = 3$ als Input und $A = 1$ als Output, womit bei den gegebenen Inputwerten 2 und 3 der Besuch des Vortrags erfasst werden soll.

Jetzt machen wir in diesem Setting ausgehend von den Inputs und den Gewichten einen sogenannten Forward-Pass durch das neuronale Netz, von vorn nach hinten. Dies und Folgendes habe ich in Heimarbeit manuell für Sie hergestellt, wobei der Mann und sein Taschenrechner Mannschaftskameraden waren.

Das geschieht im ersten Schritt mit den Gleichungen

$$i_1 \cdot w_1 + i_2 \cdot w_2 = h_1$$
$$i_1 \cdot w_3 + i_2 \cdot w_4 = h_2$$

Werden die in der bereitgestellten Information gegebenen Zahlenwerte nun eingesetzt, bekommt man:

$$2 \cdot 0{,}2 + 3 \cdot 0{,}1 = 0{,}70 = h_1$$
$$2 \cdot 0{,}1 + 3 \cdot 0{,}05 = 0{,}35 = h_2$$

Ferner:

$$A = h_1 \cdot w_5 + h_2 \cdot w_6 = 0{,}70 \cdot 0{,}1 + 0{,}35 \cdot 0{,}15 = 0{,}123$$

Als Zielwert für den Output haben wir allerdings den Wert 1. Den Unterschied zwischen dem angestrebten Output und dem aufgrund der Gewichte berechneten Output von 0,123

erfassen wir mit dem Mittleren Quadratischen Fehler (MQF): das Quadrat der Differenz zwischen 1 und 0,123. Das ist hier der Fehlerwert MQF = 0,769.
Der Output lässt sich auch kürzer schreiben als

$$A = (i_1w_1 + i_2w_2)w_5 + (i_1w_3 + i_2w_4)w_6$$

Um den Outputwert zu ändern, müssen die Gewichte geändert werden. Um dies bestmöglich zu machen, muss man mit der mathematischen Theorie der multivariaten Analysis arbeiten. Die Details würden hier zu weit führen. Aber im Ergebnis führt das dazu, dass alle Gewichte in strukturierter Weise geändert werden.
Konkret wird das neue Gewicht w_6 aus dem alten Gewicht wie folgt errechnet:

$$w_6 <- w_6 - a \cdot (Output\ A - Zielwert\ 1) \cdot h_2$$

Hierbei ist die Konstante a die sogenannte Lernrate. Auf diese kommen wir später zu sprechen. Im ersten Anlauf setzen wir diese gleich 1.
Mit $a = 1$ ergeben sich dann die neuen Gewichte gemäß den Formeln:

$$w_6 <- w_6 - (Output\ A - Zielwert\ 1) \cdot h_2$$
$$w_5 <- w_5 - (Output\ A - Zielwert\ 1) \cdot h_1$$
$$w_4 <- w_4 - i_2 \cdot (Output\ A - Zielwert\ 1) \cdot w_6$$
$$w_3 <- w_3 - i_1 \cdot (Output\ A - Zielwert\ 1) \cdot w_6$$
$$w_2 <- w_2 - i_2 \cdot (Output\ A - Zielwert\ 1) \cdot w_5$$
$$w_1 <- w_1 - i_1 \cdot (Output\ A - Zielwert\ 1) \cdot w_5$$

Nach dem Einsetzen der Zahlen erhalten wir die neuen Gewichte:

w_6 <- 0,15 + 0,877 · 0,35 = 0,457
w_5 <- 0,10 + 0,877 · 0,70 = 0,714
w_4 <- 0,05 + 0,877 · 3 · 0,15 = 0,445
w_3 <- 0,10 + 0,877 · 2 · 0,15 = 0,363
w_2 <- 0,10 + 0,877 · 3 · 0,1 = 0,363
w_1 <- 0,20 + 0,877 · 2 · 0,1= 0,375

Mit diesen neuen Gewichten sieht das neuronale Netz nunmehr so aus:

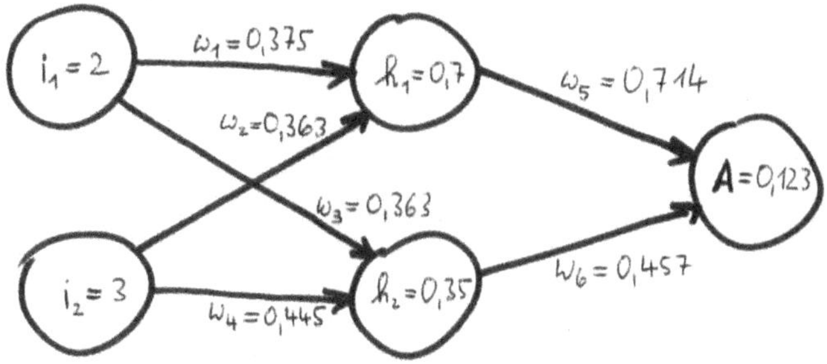

Abb. 30: *Neuronales Netz, Lernrate a = 1, erster Durchlauf nach Anpassung der Gewichte w_i*

Mathematisch gesehen lassen sich mit den neuen Gewichten w_1, w_2, w_3, w_4 zunächst neue Werte für h_1 und h_2 berechnen und dann ein neuer Wert für den Output A.
Setzen wir dies um, kommen wir zunächst zu:

$$h_1 = i_1 w_1 + i_2 w_2 = 2 \cdot 0{,}375 + 3 \cdot 0{,}363 = 1{,}839$$
$$h_2 = i_1 w_3 + i_2 w_4 = 2 \cdot 0{,}363 + 3 \cdot 0{,}445 = 2{,}061$$

Damit erhalten wir als neuen Output:

$$A = h_1 w_5 + h_2 w_6 = 1{,}839 \cdot 0{,}714 + 2{,}061 \cdot 0{,}457 = 2{,}255.$$

Wir sehen, dass der neue Output beachtlich über das Ziel hinausschießt.

Wir machen deshalb einen neuen Anlauf unter Einbeziehung der Lernrate a. Wir wählen sie als $a = 0,1$.

Mit dieser neuen Rate erreichen wir die folgenden Aktualisierungen der Gewichte:

$w_6 <- w_6 - a \cdot (Output\ A - Zielwert\ 1) \cdot h_2$
$w_5 <- w_5 - a \cdot (Output\ A - Zielwert\ 1) \cdot h_1$
$w_4 <- w_4 - a \cdot i_2 \cdot (Output\ A - Zielwert\ 1) \cdot w_6$
$w_3 <- w_3 - a \cdot i_1 \cdot (Output\ A - Zielwert\ 1) \cdot w_6$
$w_2 <- w_2 - a \cdot i_2 \cdot (Output\ A - Zielwert\ 1) \cdot w_5$
$w_1 <- w_1 - a \cdot i_1 \cdot (Output\ A - Zielwert\ 1) \cdot w_5$

und als konkrete Zahlenwerte unter Berücksichtigung von $a = 0,1$:

$w_6 = 0,181$
$w_5 = 0,161$
$w_4 = 0,089$
$w_3 = 0,126$
$w_2 = 0,126$
$w_1 = 0,218$

Diese neuen Werte führen uns zu

$h_1 = 2 \cdot w_1 + 3 \cdot w_2 = 0,814$
$h_2 = 2 \cdot w_3 + 3 \cdot w_4 = 0,519$

und dem neuen Output $A = h_1 w_5 + h_2 w_6 = 0,225$.

Das ist eine Verbesserung gegenüber dem ursprünglichen Wert von 0,123 für $a = 1$. Aber keine erhebliche Verbesserung. Wir passen deshalb die Lernrate abermals an.

Ein neuer Anlauf mit der Lernrate $a = 0{,}25$ führt zu

$w_6 <- w_6 - a \cdot (Output\ A - Zielwert\ 1) \cdot h_2$
$w_5 <- w_5 - a \cdot (Output\ A - Zielwert\ 1) \cdot h_1$
$w_4 <- w_4 - a \cdot i_2 \cdot (Output\ A - Zielwert\ 1) \cdot w_6$
$w_3 <- w_3 - a \cdot i_1 \cdot (Output\ A - Zielwert\ 1) \cdot w_6$
$w_2 <- w_2 - a \cdot i_2 \cdot (Output\ A - Zielwert\ 1) \cdot w_5$
$w_1 <- w_1 - a \cdot i_1 \cdot (Output\ A - Zielwert\ 1) \cdot w_5$

Nach dem Einsetzen der Zahlen erhalten wir die neuen Gewichte:

$w_6 <- 0{,}15 + 0{,}25 \cdot 0{,}877 \cdot 0{,}35 = 0{,}227$
$w_5 <- 0{,}10 + 0{,}25 \cdot 0{,}877 \cdot 0{,}70 = 0{,}253$
$w_4 <- 0{,}05 + 0{,}25 \cdot 0{,}877 \cdot 3 \cdot 0{,}15 = 0{,}149$
$w_3 <- 0{,}10 + 0{,}25 \cdot 0{,}877 \cdot 2 \cdot 0{,}15 = 0{,}166$
$w_2 <- 0{,}10 + 0{,}25 \cdot 0{,}877 \cdot 3 \cdot 0{,}1 = 0{,}166$
$w_1 <- 0{,}20 + 0{,}25 \cdot 0{,}877 \cdot 2 \cdot 0{,}1 = 0{,}244$

also nunmehr:

$h_1 = 2 \cdot w_1 + 3 \cdot w_2 = 2 \cdot 0{,}244 + 3 \cdot 0{,}166 = 0{,}986$
$h_2 = 2 \cdot w_3 + 3 \cdot w_4 = 2 \cdot 0{,}166 + 3 \cdot 0{,}149 = 0{,}779$
Mit dem neuen Output $A = h_1 w_5 + h_2 w_6 = 0{,}986 \cdot 0{,}253 + 0{,}779 \cdot 0{,}227 = 0{,}426$.

Das ist eine erhebliche Verbesserung gegenüber 0,123 und gegenüber 2,255 mit der Lernrate $a = 1$ sowie auch gegenüber 0,225 mit der Lernrate 0,1.
Der mittlere quadratische Fehler MQF liegt jetzt bei 0,329 und der einfache Fehler bei 0,426 – 1,0 = –0,574
Das neuronale Netz sieht jetzt wie folgt aus:

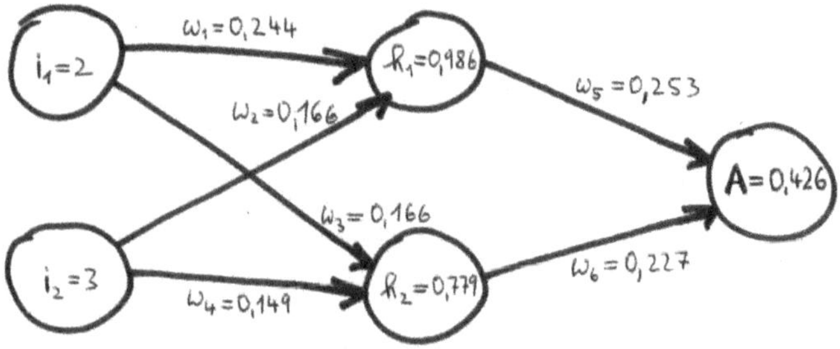

***Abb. 31:** Neuronales Netz, Lernrate a = 0,25, erster Durchlauf nach Aktualisierung von w_i, h_i und Berechnung von A*

Von diesem aktuellen Ist-Zustand ausgehend, erfolgt nunmehr die nächste Iteration, also der nächste Durchlauf durch das neuronale Netz, um die Gewichte weiter zu optimieren. Wendet man das Verfahren mit dem einfachen Fehlerwert von −0,574 abermals an, endet der Durchlauf mit diesen Gewichten und Zahlenwerten:

$w_6 = 0{,}339$
$w_5 = 0{,}394$
$w_4 = 0{,}247$
$w_3 = 0{,}231$
$w_2 = 0{,}275$
$w_1 = 0{,}317$

sodass:

$h_1 = 2 \cdot w_1 + 3 \cdot w_2 = 1{,}459$
$h_2 = 2 \cdot w_3 + 3 \cdot w_4 = 1{,}203$
und schließlich
$A = 1{,}459 \cdot 0{,}394 + 1{,}203 \cdot 0{,}339 = 0{,}983$

Der Fehler beträgt jetzt nur noch 0,983 – 1 = −0,017.

Der MQF liegt bei 0,0003.

Nunmehr sieht das neuronale Netz so aus:

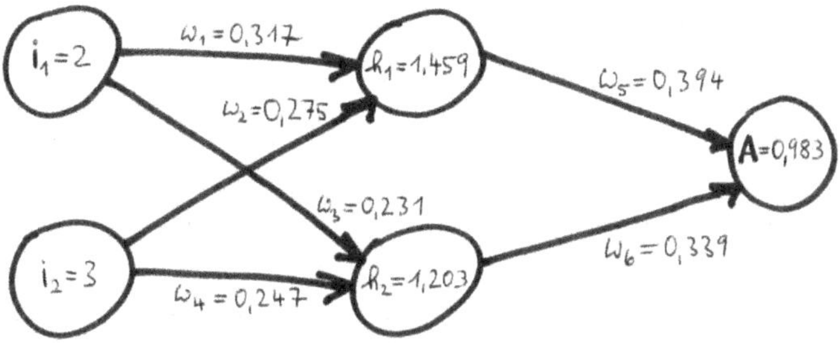

***Abb. 32:** Neuronales Netz, Lernrate a = 0,25, zweiter Durchlauf nach Aktualisierung der w_i, h_i und Neuberechnung von A*

Hier angekommen könnte man natürlich noch eine oder zwei weitere Iterationen vornehmen, und Leser, die frontal zum Abenteuer bereit sind, könnten die Gewichte so lange aktualisieren, bis eine gewisse festgesetzte Fehlerschranke von zum Beispiel 0,0001 zwischen Output und Zielwert unterschritten wird. Wann haben Sie das letzte Mal etwas zum ersten Mal getan? Hier wäre Ihre Chance. Wir wollen es aber bei der zweiten Iteration bewenden lassen.

Denn nun gilt es zu schauen, wie unser trainiertes neuronales Netz mit einem ganz neuen Input zurechtkommt, nämlich zum Beispiel mit den Werten $i_1 = 1$ und $i_2 = 2$. Vormals hatten wir $i_1 = 2$ und $i_2 = 3$.

Wir wissen bereits, dass Sie bei dieser neuen Vorgabe den Vortrag nicht besuchen würden, weil die Summe der Bewertungen lediglich 1 + 2 = 3 und damit kleiner als der Schwellenwert 5 ist. Der Zielwert für *A* ist deshalb 0. Welchen Wert liefert unser mit den anderen Bewertungen trainiertes neuronales Netz in dieser neuen Situation?

$$h_1 = i_1 \cdot w_1 + i_2 \cdot w_2 = 1 \cdot 0{,}317 + 2 \cdot 0{,}275 = 0{,}867$$
$$h_2 = i_1 \cdot w_3 + i_2 \cdot w_4 = 1 \cdot 0{,}231 + 2 \cdot 0{,}247 = 0{,}725$$

Der neue Output ist $A = h_1 \cdot w_5 + h_2 \cdot w_6 = 0{,}867 \cdot 0{,}394 + 0{,}725 \cdot 0{,}339 = 0{,}587$.
Bei einer Rundung würde sich auch hier der Wert 1 ergeben. Das ist also nicht in Ihrem Sinne, denn es würde Teilnahme am Vortrag bedeuten.

Wie ist es bei $i_1 = 1$ und $i_2 = 1$?
Dann erhalten wir
$h_1 = 0{,}592$ und $h_2 = 0{,}478$
und $A = 0{,}592 \cdot 0{,}394 + 0{,}478 \cdot 0{,}339 = 0{,}395$
was bei Rundung den korrekten Zielwert 0 liefert.
Wenn man dem neuronalen Netz nunmehr dieses Feedback geben würde, könnte es mit dieser Information abermals lernen und seine Gewichte noch besser anpassen.
Dieses Beispiel vermittelt Ihnen einen ersten Eindruck von der Arbeitsweise neuronaler Netze. Es zeigt, wie sie als Berechnungsmodule mit gewichteten Verbindungen zwischen Schichten von Knoten strukturiert sind, wie sie mit eingefütterten Trainingsdaten durch schrittweises Anpassen der Verbindungsgewichte ständig hinzulernen, indem sie sich den Zielwerten des Trainingsdatensatzes anpassen, und wie sie für neue Daten Vorhersagen und Einschätzungen abgeben.

Jahrtausendereignis?

Wenn Menschen manuell Daten übertragen, dann schleichen sich früher oder später Datenübertragungsfehler ein. Das können dann enorme Daten-Ausreißer mit gravierenden Folgen sein. Stellen wir uns einen Wetterwart der alten Schule auf einer veralteten Wetterstation vor, der die am

Tag gemessene Niederschlagsmenge abliest und in einen modernen Computer eingibt. Eines Tages trägt er statt des gemessenen Werts von 7,1 cm den Wert 7,1 m ein. Der mit künstlicher Intelligenz schlau gemachte Computer leitet neben dem eingelesenen Wert die Anweisung weiter: »Baue ein Boot. Nimm von einer jeden Tierart zwei zu dir, ein weibliches und ein männliches Tier.«
Doch manche überlieferten Extremereignisse sind keine Übertragungsfehler, sondern fanden tatsächlich in der Realität statt. Wie zum Beispiel das folgende Jahrhundertereignis.

***Abb. 33:** Zeichnung von Alex Balko nach Ideen des Autors in Anspielung auf ein Ereignis, bei dem am 18. August 1913 am Roulettetisch des Casinos von Monte Carlo 26 Mal hintereinander die Kugel auf ein schwarzes Feld fiel*

Gut zu wissen: Von Barbiers Theorem zum Saugroboter

Dies ist eine weitere Episode aus der Serie *Überraschungsauftritte der Kreiszahl Pi*. In dieser Folge geht es um ein Theorem des französischen Mathematikers Joseph-Émile Barbier (1839–1889), das dieser als 21-Jähriger entdeckte. Es macht eine völlig unerwartete Aussage über geometrische Objekte, die als Gleichdicke bezeichnet werden: Wenn man ein Gleichdick zwischen zwei Geraden einspannt, dann haben diese stets den gleichen Abstand, sind also parallel. Unabhängig davon, in welcher Lage das Gleichdick zwischen den Geraden eingespannt ist, ergibt sich immer derselbe Zahlenwert als Abstand, den man als Breite des Gleichdicks bezeichnet.

Barbiers Theorem besagt, dass der Umfang aller Gleichdicke mit Breite B unabhängig von ihrer konkreten Form immer $\pi \cdot B$ ist. Anders gesagt: Jede beliebige Kurve konstanter Breite hat als Länge das Pi-Fache ihrer Breite.

Unglaublich, oder?

Und wir können sogar noch eins draufsetzen: Jede beliebige Kurve konstanter Breite B hat dieselbe Länge wie der Umfang eines Kreises mit Durchmesser B.

Damit haben wir auch schon das Leitbeispiel für ein Gleichdick: den Kreis. Barbier erlaubt uns, den Kreis in gewisser Weise abzuändern, ohne dass sich die Länge der äußeren Begrenzungslinie ändert.

Das muss man sich auf der Zunge zergehen lassen. Und dann meldet sich auch schon die Frage: Sind die Anwendungen dieses Theorems ebenso spektakulär wie die Erkenntnis, die es uns liefert? Ich würde sagen: Ja. Um eine kleine Auswahl zu zeigen, nehmen wir als Gleichdicke die Reuleaux-Figuren. Sie gehen auf den deutschen Ingenieur Franz Reuleaux zurück. Man erhält sie, wenn man mit einem gleichseitigen Dreieck beginnt und anschließend von jeder Ecke als Mittelpunkt einen Kreisbogen einzeichnet, der durch die beiden anderen Eckpunkte geht. Die aus den drei Kreisbögen entstehende Figur ist das Reuleaux-Dreieck.

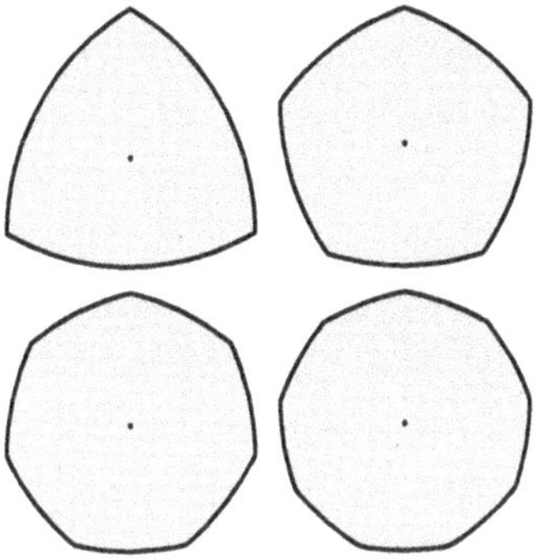

***Abb. 34:** Reuleaux-Figuren*

Was passiert, wenn man ein solches Reuleaux-Dreieck innerhalb eines Quadrats rotieren lässt, dessen Seitenlänge die Breite des Reuleaux-Dreiecks ist?
Nun, das Reuleaux-Dreieck wird stets vollständig innerhalb des Quadrats liegen und bei der Rotation stets alle vier Seiten des Quadrats fast vollständig berühren. Sogenannte Quadratloch-Bohrer mit einem Bohrkopf, dessen Querschnitt ein Reuleaux-Dreieck ist, können deshalb annähernd ein quadratisches Loch bohren.
Fantastisch, oder?
Und Saugroboter in der Form eines Reuleaux-Dreiecks können mehr Staub aus Zimmerecken entfernen als die herkömmlichen runden Roboter. Auch ganz nützlich.

Mathematik für Handlungsreisende

Kürzlich sagte mir ein Freund, er wolle in den nächsten großen Ferien von Stuttgart aus eine längere Reise unternehmen, bei der er alle 16 Hauptstädte der Bundesländer besuchen möchte. Er fragte mich, was ich davon halte. Ich ermutigte ihn. Dann fragte er mich nach der optimalen Reiseroute. Er wollte die 16 Städte in der Reihenfolge besuchen, die am Ende den kürzesten Weg ergibt. Und natürlich wollte er am Ende wieder an seinen Ausgangspunkt nach Stuttgart zurückkehren.

Ich erzählte meinem Freund, dass ihn sein Weg zunächst direkt in die Mathematik führt. Es handelt sich um ein seit knapp hundert Jahren ausgiebig studiertes Problem, das in der Mathematik als Rundreiseproblem oder Travelling Salesman Problem (TSP) bezeichnet wird, als Problem des Handlungsreisenden.

Von einem Ort ausgehend sollen alle anderen Orte genau einmal bereist werden, und zwar so, dass die Reiseroute wieder am Ausgangsort endet. Unter dieser Bedingung gibt es mehrere Lösungen, wir bezeichnen jede als Rundreise bzw. Tour. Gesucht ist die Tour mit der kürzesten Reisestrecke. Das ist die optimale Tour. Die Städte müssen in einer bestimmten Reihenfolge besucht werden, damit die Kilometerzahl in der Summe nicht größer als nötig ist.

Das Rundreiseproblem ist nicht nur für Handlungsreisende eine Herausforderung. Es ist auch eines der bekanntesten der gesamten Informatik. Es tritt in vielen Verkleidungen als handfeste Anwendung in der Praxis auf, manchmal in extremen Größenordnungen: Zum Beispiel müssen beim Layout elektronischer Schaltungen, die durchaus Milliarden Bau-

elemente enthalten können, die Bauelemente auf kürzeste Weise elektrisch miteinander verbunden werden.
Eine weitere Anwendung findet sich in der Astronomie: Astronomen versuchen, bei ihren Himmelsdurchmusterungen aus Zeitgründen die kürzeste Route durch alle Sterne eines Sternhaufens zu wählen. Schon im Jahr 2005 wurde eine Tour für ein TSP durch 526 Millionen Sterne gefunden, deren Länge um nicht mehr als 0,8 Prozent von der optimalen Lösung abwich.
Das Rundreiseproblem spielt auch beim weltgrößten Paketdienst UPS eine Rolle. Ihre Fahrer machen rund hundert Zustellungen jeden Tag. Um die Anzahl der möglichen Routen auszurechnen, muss man das Produkt 100 · 99 · 98 · 97 … · 3 · 2 · 1 bilden. Dieses Produkt ist größer als das Alter des Universums in Nanosekunden. Insofern ist das Rundreiseproblem auch hier ein wunderbares Beispiel für eine sogenannte kombinatorische Explosion.
Weltweit gibt es jedes Jahr mehr als 10 Millionen UPS-Zustellungen. Natürlich setzen die UPS-Fahrer auch wegoptimierende Software ein. Was sie bewirkt, können Sie sich vielleicht vorstellen, wenn ich Ihnen sage, dass es UPS allein in einem Jahr 30 Millionen Dollar an Ersparnis einbringt, wenn ihre Fahrer jeden Tag im Schnitt nur einen einzigen Kilometer weniger fahren müssen.
Das Problem des Handlungsreisenden hat eine lange Geschichte. Als Ursprung kann das vom irischen Mathematiker Sir William Rowan Hamilton 1859 erfundene Spiel *Around the World* gelten, das auf einem *Dodekaeder* gespielt wird. Dieser geometrische Begriff stammt aus dem Altgriechischen und setzt sich zusammen aus den Wörtern *dodeka*, was zwölf bedeutet, und der Endsilbe -eder, die auf das griechische Wort *hedra* zurückgeht, was Grundlage/Basis bedeutet. Ein Dodekaeder ist also ein geometrischer Körper mit

zwölf Flächen, die von regelmäßigen Fünfecken gebildet werden. Das führt zu dreißig Kanten und zwanzig Ecken. Drei Fünfecke treffen an jeder Ecke aufeinander.

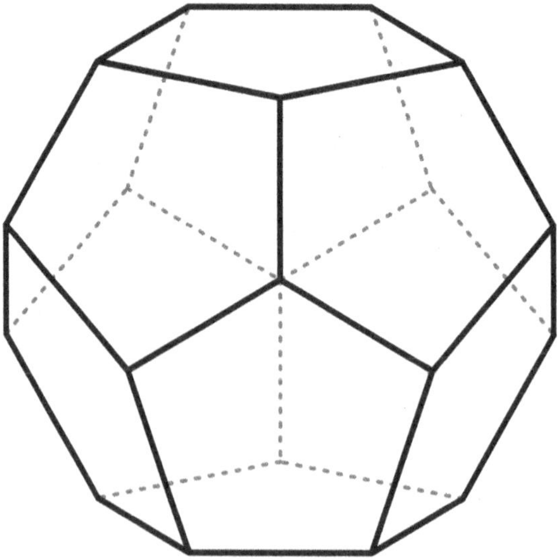

Abb. 35: *Regelmäßiges Dodekaeder*

Das Ziel von Hamiltons Spiel ist es, eine Tour über die Kanten des Dodekaeders zu finden, die jede der zwanzig Ecken exakt einmal besucht und zum Ausgangspunkt zurückkehrt. Eine solche Tour bezeichnet man heute als Hamiltonschen Zyklus. Er unterscheidet sich von einem sogenannten Eulerschen Pfad dadurch, dass Letzterer alle Ecken besuchen, aber nicht zum Anfangspunkt zurückkehren muss.

Eulersche Pfade sind vielen von uns noch aus der Kindheit bekannt, wenn auch nicht unter diesem Namen. Schauen Sie sich das Haus vom Nikolaus in Abbildung 36 an. In einem Zug ohne abzusetzen müssen alle Linien nachgefahren werden, ohne eine Strecke mehrfach zu ziehen oder an den Diagonalen abzuknicken.

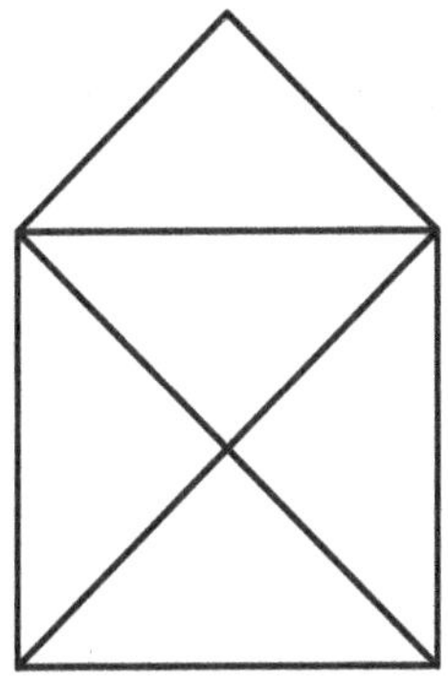

***Abb. 36:** Das Haus vom Nikolaus*

Hier ist eine Lösung in schrittweiser Darstellung:

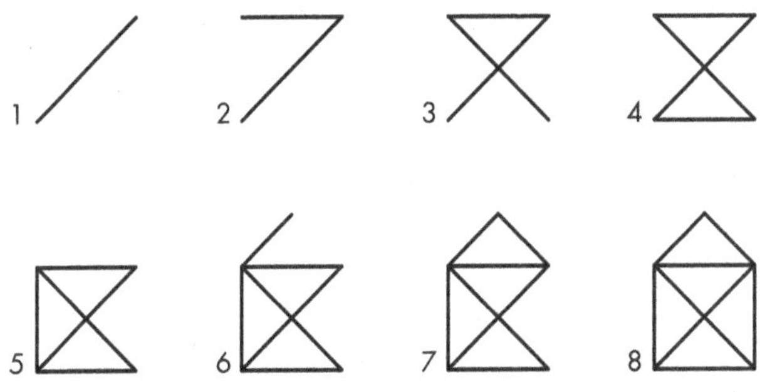

***Abb. 37:** Nach und nach entsteht das Haus vom Nikolaus. Die erste Strecke beginnt in der linken unteren Ecke, und die letzte endet in der rechten unteren Ecke.*

Wem das zu einfach ist, kann noch fragen, auf wie viele verschiedene Arten das Haus vom Nikolaus in einem Zug gezeichnet werden kann. Diese Frage wurde erstmals 1973 vom Rätselbuchautor Karl-Heinz Paraquin in seinem *Denkspielebuch* gestellt. Dass sie nicht leicht zu beantworten ist, zeigt schon die Tatsache, dass die vom Autor veröffentlichte Lösung falsch war.

Das Haus vom Nikolaus besitzt keinen Hamiltonschen Zyklus, also keine Tour, die zum Ausgangspunkt zurückkehrt. Anders ist es beim Haus vom Nikolaus mit Keller. Dafür lässt sich tatsächlich ein Hamiltonscher Zyklus finden. Möchten Sie es ausprobieren?

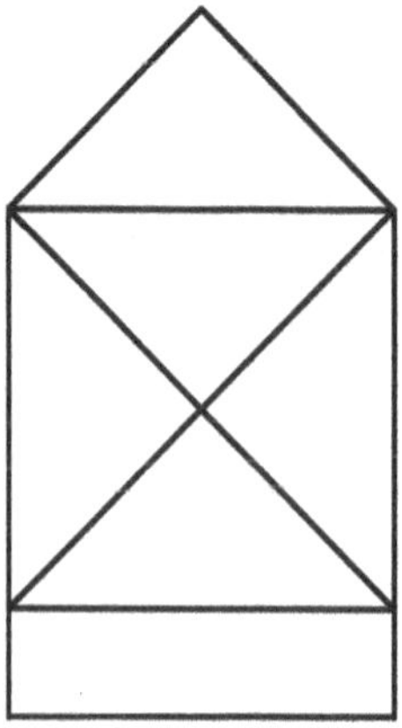

Abb. 38: *Das Haus vom Nikolaus mit Keller*

Das Problem des Handlungsreisenden fand schon dreißig Jahre vor Hamiltons Spiel Erwähnung in einem Buch von B.F. Voigt aus dem Jahr 1831. Es trägt den Titel *Der Handlungsreisende wie er sein soll und was er zu thun hat, um Aufträge zu erhalten und eines glücklichen Erfolgs in seinen Geschäften gewiss zu sein.* In diesem Werk findet sich der Passus: »Durch geeignete Auswahl und Planung der Tour kann man oft so viel Zeit sparen, daß wir einige Vorschläge dazu machen […]. Der wichtigste Aspekt ist, so viele Orte wie möglich zu erreichen, ohne einen Ort zweimal zu besuchen.« Wenn auch dieses Buch das Problem zutreffend beschreibt, findet sich darin keine quantitative Betrachtung.
Eingang in die Welt der Mathematik hielt das Problem erst 1930, als es in einem mathematischen Kolloquium an der

Universität Wien besprochen wurde. Der Wiener Mathematiker Karl Menger schrieb später im Kolloquiumsbericht:
»Wir bezeichnen als Botenproblem (weil diese Frage in der Praxis von jedem Postboten, übrigens auch von vielen Reisenden, zu lösen ist) die Aufgabe, für endlich viele Punkte, deren paarweise Abstände bekannt sind, den kürzesten die Punkte verbindenden Weg zu finden.«
Auch diese Variante des Problems verlangt nicht explizit die Rückkehr zum Ausgangspunkt.
Wir unterbrechen den Erzählstrang für einen anschaulichen Exkurs über das Händeschütteln, für späteren Gebrauch.

Die Wissenschaft vom Händeschütteln

Händeschütteln hat viele Aspekte, zum Beispiel juristische (in der Schweiz ist es möglich, damit einen Vertrag rechtskräftig zu besiegeln), hygienische (es ist neben dem Kontakt mit Türklinken der wichtigste Übertragungsweg für Infektionskrankheiten), biologische (für Menschen jenseits des 85. Lebensjahres korreliert der gemessene Händedruck mit der spezifischen Sterberate), psychologische (Händeschütteln aktiviert das Gehirn und verstärkt die positive Wirkung einer Person enorm). Doch wir wollen uns hier mit der Mathematik des Händeschüttelns befassen. Ganz enigmatisch in Rätselform:
1. Jeder Mensch auf der Welt hat bis jetzt eine bestimmte Anzahl von Händen geschüttelt. Ist die Anzahl der Personen, die eine ungerade Anzahl von Shakehands ausgeführt haben, gerade oder ungerade?
2. Anne und ihr Ehemann Bert nehmen an einem Weihnachtsessen mit vier weiteren Ehepaaren teil. Vorab werden Hände geschüttelt, zwischen je zwei Personen höchstens einmal. Natürlich schüttelt niemand die eigene Hand oder die des Ehepartners, und auch sonst nicht unbedingt

mit allen Übrigen. Als Anne beim Tischgespräch die anderen neun Personen fragt, wie viele Hände sie jeweils geschüttelt haben, erhält sie neun verschiedene Antworten. Mit wie vielen Personen hat ihr Ehemann Hände geschüttelt?

Lösungen:
1. Addiert man die Anzahlen aller Shakehands, die alle Menschen ausgeführt haben, so ergibt sich eine gerade Zahl, weil jedes einzelne Händeschütteln für beide beteiligten Personen in die Summe eingeht. Es ist nun so, dass die Summe einer ungeraden Anzahl von ungeraden Zahlen ungerade ist, und die Summe einer beliebigen Anzahl von geraden Zahlen gerade. Ferner ist die Summe einer ungeraden Zahl und einer geraden Zahl eine ungerade Zahl. Wäre also die Anzahl der Personen, die eine ungerade Anzahl von Händen geschüttelt haben, auch ungerade, dann wäre zusammen mit allen geradzahligen Handshakes der übrigen Personen die Gesamtsumme aller Handshakes ungerade. Das kann sie aber nach der Anfangsüberlegung nicht sein. Also ist die Anzahl der Personen mit ungeradzahligen Handshakes selbst geradzahlig. Das ist das Theorem vom Händeschütteln. Es hält sich bereit für einen baldigen Einsatz.
2. Die größtmögliche Zahl der Handshakes für jede Person ist 8. Da Anne neun Personen befragt und neun verschiedene Antworten erhalten hat, muss es sich bei diesen um die Zahlen 0,1,2,...,8 gehandelt haben. Die Genialität der Lösung liegt zum Teil in der Art und Weise, die Personen zu benennen.

Nennen wir die Person, die auf Annes Frage mit *k* geantwortet hat, Person *k*. Person 8 hat mit allen Anwesenden Hände geschüttelt, außer mit sich selbst und ihrem Ehepartner. Anders gewendet: Person 0 ist die einzige, die nicht mit Person 8 Hände geschüttelt hat. Die beiden müssen also ein Ehepaar sein. Nehmen wir nun Person 7. Sie hat mit allen außer mit 1 und 0 Hände geschüttelt. Also muss 1 der Ehepartner von 7 sein. Ähnlich schließt man nun, dass 6 und 2 ein Paar sind, und dann, dass 5 und 3 ein Paar sind. Somit bleibt nur Person 4 übrig. Das muss Annes Ehemann Bert sein. Er hat also 4-mal Hände geschüttelt.

Das Problem des Handlungsreisenden zog schnell immer größere Kreise. Einige der cleversten Köpfe der Mathematik, Statistik und Computer-Wissenschaften haben sich über die letzten hundert Jahre an diesem Problem versucht. So manche haben sich ihre Neuronen daran wund gedacht. Nach und nach wurde es zu einer legendären Herausforderung. Trotz aller Anstrengungen blieb es das, was es immer war: Eine Kultproblem und seine große Verweigerung.

Die *New York Times* bezeichnete es schon 1991 als »Die Mutter aller algorithmischen Probleme«. Die Herausforderung besteht nicht nur darin, die beste Tour durch eine Anzahl von Städten (oder allgemeiner: von Punkten) zu finden, sondern auch zu beweisen, dass es tatsächlich die beste ist. Und zwar selbst dann, wenn es sich um Millionen oder mehr Punkte handelt.

Selbst jetzt, eine weitere Generation später, ist die Forschungsintensität an diesem Problem ungebrochen. In Anlehnung an die *New York Times* könnte man das Problem mittlerweile als die »Großmutter aller algorithmischen Probleme« bezeichnen. Der griechische Informatiker Christos Papadimitriou wählte einen anderen Vergleich: »Das TSP ist kein Problem, sondern eine Sucht.« Vielleicht, weil es nicht wenige Wissenschaftler gab, auf die es während ihres gesam-

ten Forscherlebens eine große Faszination ausübte und von dem sie nicht mehr loskamen.
Dabei ist es eigentlich nichts weiter als ein Reihenfolge-Problem mit Zusatzbedingungen. Eine gewisse Anzahl von Städten muss so in eine zyklische Reihenfolge gebracht werden, dass die Summe der Strecken zwischen aufeinanderfolgenden Städten kleinstmöglich ist. Na und? Das kann doch im Prinzip nicht so schwierig sein. Und in der Tat haben viele Menschen, die das erste Mal von dem Problem hören, meist relativ schnell eine Idee, wie man es anpacken kann. Eventuell mögen Sie sich an dieser Stelle auch ein paar Gedanken dazu machen.

Sind Sie bei Ihrem Brainstorming auf einen Lösungsansatz gestoßen?
Vielleicht am einfachsten ist diese Vorgehensweise: Von einem Computer unterstützt, muss man nur alle möglichen Touren auflisten, jeweils die Länge der zugehörigen Tour aus den Teilstrecken aufaddieren und unter allen Touren die kürzeste als optimale Lösung ausgeben.
Diesen Ansatz gibt es in der Tat, und er wird, wir sprachen schon davon, als Brute-Force-Algorithmus bezeichnet. Mit *roher Gewalt* führt er gewissermaßen eine vollständige Durchmusterung aller möglichen Reihenfolgen durch. Wenn diese vollständige Durchmusterung gelingt, führt sie immer zu einer exakten Lösung. Aber die Durchführung gelingt in überschaubarer Zeit nur dann, wenn die Zahl der Städte nicht zu groß ist. Denn offensichtlich kann man bei gegebenem Anfangspunkt bei N Städten als Nächstes eine der $N - 1$ anderen Städte als erste besuchen und eine der $N - 2$ verbleibenden Städte als übernächste. Damit gibt es schon $(N - 1) \cdot (N - 2)$ Möglichkeiten für die ersten beiden Städte nach Abreise.

Da immer eine Stadt weniger als nächster Besuchsort zur Verfügung steht, ist die Anzahl möglicher Touren gleich dem Produkt der ersten $(N - 1)$ ganzen Zahlen. Da jeder Zyklus aber in zwei Richtungen durchlaufen werden kann, ist die Hälfte dieses Produkts die Anzahl verschiedener Touren, wenn es in einer Anwendung nicht auf die Durchlaufrichtung ankommt.

Für 5 Städte gibt es in diesem Fall 12 verschiedene Touren, nämlich die Hälfte des Produkts $(5-1)\cdot(5-2)\cdot(5-3)\cdot(5-4)=24$. Bei 10 Städten sind es bereits 180 000, bei 15 Städten rund 43 Milliarden. Bei 20 Städten hat es der Brute-Force-Algorithmus bereits mit rund 100 Millionen Milliarden Touren zu tun.

Schon wenige Städte mehr vervielfachen die Anzahl der möglichen Touren enorm. So wird schnell die Größenordnung erreicht, bei der ein Brute-Force-Algorithmus mit seiner Vorgehensweise das Problem nicht mehr innerhalb einer überschaubaren Zeit abarbeiten kann. Er wird Opfer einer Überlastung durch eine kombinatorische Explosion. Die Zahl möglicher Rundreisen wächst so extrem schnell mit der Zahl der Punkte, dass selbst moderne Höchstleistungsrechner rasch an ihre Grenzen kommen. Das TSP erfordert Mathematik an den Grenzen der Berechenbarkeit. Schon für 60 Städte gibt es mehr mögliche Touren als Atome im Universum.

In knapp einem Jahrhundert intensiver Forschungstätigkeit konnte enorm viel an Wissen über das TSP zusammengetragen werden.

Beginnen wir langsam mit einer teilweisen Sichtung.

In einem ersten Anlauf wollen wir uns überlegen, wie lang die optimale Rundreise mindestens sein muss. Das geht relativ einfach und beginnt mit der Überlegung, dass bei einer Tour jeder Punkt mit exakt zwei anderen Punkten durch je eine Strecke verbunden ist. Jetzt kommt die entscheidende Einsicht: Wenn es sich bei den beiden Punkten um nächstgelegene Nachbarpunkte handeln würde – und zwar in jedem Fall –, dann hätten wir es mit einer optimalen Tour zu tun. Die Länge dieser Tour ließe sich berechnen, wenn man zunächst die Entfernungen einer jeden Stadt zu ihren beiden nächsten Nachbarstädten addiert. Das ist eine Summe mit $2 \cdot N$ Summanden. Anschließend muss das Ergebnis nur noch halbiert werden. Mathematiker sagen: Das ist eine untere Schranke für die Länge optimaler Touren.

Einer der ersten großen Meilensteine in der TSP-Forschung wurde 1954 von George Dantzig, Delbert Fulkerson und Selmer Johnson gesetzt. George Dantzig hatte einige Jahre zuvor bereits auf sich aufmerksam gemacht, indem er für eine andere Problemklasse, die sogenannten linearen Optimierungsprobleme mit zusätzlichen Bedingungen, den mächtigen SIMPLEX-Algorithmus entwickelt hatte.

Dieser inzwischen schon asbachuralte, aber ausgeklügelte Algorithmus vermag für diese Art von Optimierungsproblemen sehr effiziente exakte Lösungen zu finden. Das liegt an den Besonderheiten dieser Probleme, insbesondere daran, dass sich deren Lösung immer auf einem Eckpunkt des Bereiches findet, der durch die Zusatzbedingungen eingegrenzt wird.

Eckpunkte gibt es aber relativ wenige, und somit ist die Lösung auch relativ leicht zu finden, indem man die Eckpunkte absucht. Lineare Optimierungsprobleme und deren Lösungen sind uns bereits im Kapitel über das Giffen-Paradoxon begegnet. Erinnern Sie sich: Je teurer die Kartoffeln wurden, desto mehr wurden von den Verbrauchern gekauft. Auch da lag die Lösung auf einem Eckpunkt des zulässigen Bereichs. Die geniale Idee von Dantzig, Fulkerson und Johnson bestand nun darin, das TSP in ein lineares Optimierungspro-

blem umzuschreiben. Das erforderte viele Zusatzbedingungen, die mit der Zahl der Städte lawinenartig anstiegen. Mit dem SIMPLEX-Algorithmus wird dieses Problem zunächst so gelöst, dass die meisten Zusatzbedingungen anfangs einfach weggelassen werden. So entsteht eine erste Näherungslösung für das Ausgangsproblem. Anschließend wird geprüft, welche der weggelassenen Zusatzbedingungen von dieser Näherungslösung nicht erfüllt werden.
Diese werden dem linearen Optimierungsproblem nun hinzugefügt, und ausgehend von der ersten Näherungslösung wird dies nun abermals gelöst. Dieser Prozess wird schrittweise so lange wiederholt, bis alle Zusatzbedingungen erfüllt sind. Mit dieser Strategie schafften es die Autoren, ein TSP mit 49 US-amerikanischen Städten exakt zu lösen. Eine enorme Leistung für die Mitte des letzten Jahrhunderts.

Da optimale Touren schon für eine mittelgroße Anzahl von Städten schwer zu finden sind, hat man sich bereits früh auf die Suche nach Algorithmen begeben, die recht schnell zumindest annähernd optimale Touren zum Ergebnis haben. Der einfachste dieser Algorithmen ist der Nearest-Neighbor-Algorithmus. Vielleicht haben auch einige von Ihnen beim Brainstorming schon an eine Lösung in dieser Form gedacht.

Der Nearest-Neighbor-Algorithmus

Dieser Algorithmus beinhaltet drei Schritte:
Schritt 1: Wähle irgendeinen Punkt als Anfangspunkt der Tour. Das ist der erste eingefügte Punkt.
Schritt 2: Wähle den noch nicht besuchten Punkt, der dem letzten eingefügten Punkt am nächsten ist. Füge diesen

Punkt und die zugehörige Strecke dem letzten eingefügten Punkt der Subtour hinzu.

Schritt 3: Wiederhole Schritt 2 so lange, bis alle Punkte in der Subtour sind. Verbinde dann den letzten hinzugefügten Punkt mit dem Anfangspunkt.

Schauen wir uns an einem Beispiel an, wie dieser Algorithmus schrittweise eine Tour erzeugt.

Das Beispiel-Netzwerk besteht nur aus den fünf Punkten *A* bis *E*. In der folgenden Abbildung sind alle Abstände zwischen je zwei Punkten erfasst. Der Abstand zwischen *B* und *C* besteht beispielsweise, wie leicht abzulesen ist, aus 10 Einheiten. Die Einheiten könnten etwa Kilometer oder Meilen sein. Wenn die Zahlen an den Verbindungsstrecken jeweils Entfernungen bedeuten, dann besteht das Problem darin, die kürzeste Tour zu finden. Wenn die Zahlen Fahrtkosten bedeuten, besteht das Problem darin, die kostengünstigste Tour zu finden. Die optimale Lösung ist in beiden Fällen dieselbe. Deshalb reicht es aus, die Verbindungsstrecken ohne Einheiten nur mit Zahlen zu versehen.

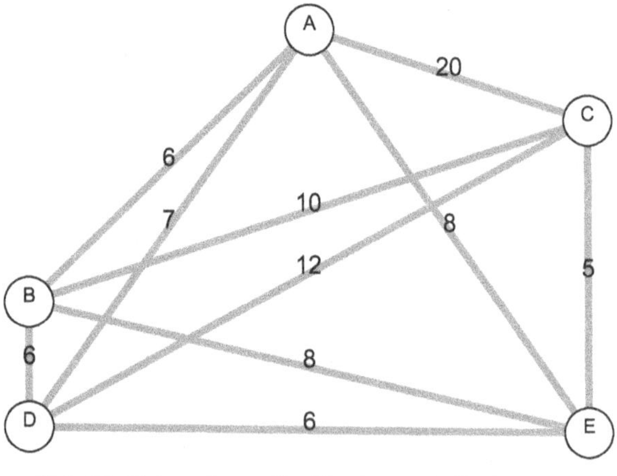

Abb. 39: *Netzwerk aus fünf Punkten mit Entfernungen zwischen je zwei Punkten*

Wir beginnen die Tour bei *A*. Der zu *A* nächstgelegene Punkt ist *B* mit Abstand 6. Die Punkte *D* und *E* und *C* haben nämlich die Abstände 7 bzw. 8 bzw. 20. Bei B angekommen, suchen wir abermals den nächstgelegenen Punkt. Unter den verbleibenden Punkten *C*, *D* und *E* ist das offensichtlich der Punkt *D* mit einem Abstand von nur 6 Einheiten. Von *D* geht es weiter nach *E*, dann nach *C* und von dort schließlich wieder zum Ausgangspunkt *A*.
Die Nearest-Neighbor-Tour ist demnach ABDECA. Die Länge dieser Tour beträgt

$$6 + 6 + 6 + 5 + 20 = 43 \text{ Einheiten.}$$

Man könnte denken, dass man mit dieser Strategie immer die kürzeste Tour finden müsste. Doch das ist ein Fehlschluss – weil der Rückweg vom letzten eingefügten Punkt zurück zum Anfangspunkt oft sehr lang ist, wie im Beispiel ersichtlich.

Der Einfüge-Algorithmus

Eine andere Klasse bilden die Einfüge-Algorithmen. Sie beginnen mit einer einzigen Strecke, die zwei der Punkte verbindet. Dann werden nach und nach weitere Strecken hinzugefügt. Dies geschieht so, dass jeweils die Gesamtlänge der schrittweise entstehenden Subtour minimal ist.
Es gibt zahlreiche Variationen dieses Ansatzes. Sie unterscheiden sich hinsichtlich der Strecke, mit der begonnen wird, und der Eigenschaften, die die jeweils hinzugefügten Punkte haben.
Ein naheliegender Einfüge-Algorithmus ist der Nearest-Insertion-Algorithmus. Er unterscheidet sich vom Nearest-

Neighbor-Algorithmus dadurch, dass nicht immer am letzten eingefügten Punkt angeknüpft wird. Vielmehr geht er nach einer anderen Logik vor:
Er beginnt mit einem beliebigen Startpunkt. Nehmen wir auch hier wieder den Punkt *A*. Dann wird ein Punkt gesucht, der den geringsten Abstand zu *A* hat. Wir wissen schon, dass es der Punkt *B* ist. Mit diesem wird die Subtour ABA gebildet. Von nun an wird jeweils ein weiterer Punkt so in die Subtour eingefügt, dass diese geringstmöglich verlängert wird.
Das ist die Grundidee. Und die wird nun so lange ausgeführt, bis eine Subtour entstanden ist, die alle Punkte beinhaltet. Diese Subtour ist das Endprodukt der Nearest-Insertion-Einfügestrategie.
Setzen wir die Strategie am bereits verwendeten Netzwerk um: Bisher haben wir die Subtour ABA. Wir müssen nun prüfen, welcher Punkt an welcher Stelle die bisherige Subtour am wenigsten verlängert. Dazu müssen wir die Längen der Subtouren ACBA, ABCA, ADBA, ABDA, AEBA und ABEA bestimmen. Die beiden mittleren haben mit 19 Einheiten die geringste Länge. Wählen wir eine davon, sagen wir ABDA. Darauf wenden wir das Erweiterungsprinzip abermals an. Es verbleiben nur noch *C* und *E*. Wir bestimmen die Längen von ACBDA, ABCDA, ABDCA, AEBDA, ABEDA, ABDEA, wobei die letztgenannte mit 26 Einheiten am kürzesten ist. *E* macht also das Rennen und wird an vorletzter Stelle eingefügt. Dann ist nur noch *C* einzufügen. Unter den vier Möglichkeiten, die Einfügeposition zu wählen, ist ABDCEA die kürzeste.
Das ist die mit der Nearest-Insertion-Heuristik bestimmte Tour. Sie hat eine Länge von 37 Einheiten und ist somit um einiges kürzer als die Nearest-Neighbor-Tour mit 43 Einheiten.

Der Farthest-Insertion-Algorithmus

Der Farthest-Insertion-Algorithmus unterscheidet sich bei der Wahl des jeweils neu hinzukommenden Punktes vom Nearest-Insertion-Algorithmus. Das ist nämlich nicht mehr der nächstgelegene Punkt, sondern der am weitesten entfernte.

Auch beginnt dieses Verfahren mit der längsten Strecke vom Anfangspunkt *A*. Im Beispiel ist es die Strecke zum Punkt *C*. Dann wird für jeden noch nicht eingefügten Punkt der Abstand zu den Punkten der bisherigen Subtour verglichen. Als neu hinzukommenden Punkt wählt der Algorithmus denjenigen Punkt, der am *weitesten* entfernt von der bisherigen Subtour ist. Nein, Sie haben sich nicht verhört, und ich habe mich auch nicht versprochen: Diese Herangehensweise hört sich tatsächlich völlig kontraintuitiv an. Immerhin wird dann aber für diesen neuen Punkt diejenige Einfügestelle gewählt, sodass die Gesamtlänge der neuen Subtour minimal wird.

In der Praxis funktioniert diese Herangehensweise recht gut, weil die Gestalt der am Ende entstehenden Tour in groben Zügen schon in früheren Stadien als Subtour vorliegt, und in späteren Stadien müssen daran nur noch geringfügige Modifikationen vorgenommen werden. Deshalb liefert der Farthest-Insertion-Algorithmus in der Regel bessere, da kürzere Näherungslösungen als sein Nearest-Insertion-Kollege und auch weit bessere Lösungen als die Nearest-Neighbor-Heuristik.

Prüfen wir das an unserem Beispiel. Der Anfang wird von der Subtour AC gemacht. Das ist die längste Verbindungsstrecke im Graphen. Nun müssen wir den Punkt finden, für den der geringste Abstand zur bisherigen Subtour am größten ist.

Der nächstgelegene Punkt zu *A* ist *B* (Abstand 6), zu *C* ist es *E* (Abstand 5). Da *B* weiter von der bisherigen Subtour entfernt ist, wird *B* als nächster Punkt hinzugefügt, und wir gelangen zu ABC oder ACB. Die erste Möglichkeit ist weitaus kürzer. Und so geht es mit ABC weiter: Nächstgelegener Punkt zu *A* ist *D* (Abstand 7), zu B ist es D (Abstand 6), zu *C* ist es *E* (Abstand 5). *D* ist somit am weitesten entfernt und wird deshalb eingebaut.

Aber wo?

Dazu prüfen wir die Subtouren ADBC und ABDC und ABCD. Die erste hat eine Länge von 7 + 6 + 10 = 23. Die zweite hat eine Länge von 6 + 6 + 12 = 24 und die dritte von 6 + 10 + 12 = 28. Am kürzesten ist die erste Abfolge ADBC, und mit ihr arbeiten wir weiter.

Nun bleibt nur noch Punkt *E* einzufügen. Um die optimale Stelle zu finden, berechnen wir die Längen

AEDBCA (Länge 50)
ADEBCA (Länge 51)
ADBECA (Länge 46)
ADBCEA (Länge 36)

Die letztgenannte Tour ist die Farthest-Insertion Tour. Im Vergleich der drei Heuristiken ist diese Tour die kürzeste. Und die Nearest-Neighbor-Tour ist weit abgeschlagen. Dieses Ergebnis ist im Mittel für die Praxis verallgemeinerungsfähig.

Es gibt übrigens zwei optimale Touren in unserem Beispiel. Es sind ABCEDA und ADECBA. Beide haben eine Länge von 34 Einheiten. Die längste und damit ungünstigste Tour ist übrigens ACDBEA mit einer Länge von 54 Einheiten. Die Nearest-Neighbor-Tour liegt somit etwa in der Mitte zwischen Best Case und Worst Case.

Was lässt sich nun generell über die Qualität von Einfüge-Algorithmen sagen?

Nun, die amerikanischen Informatiker Daniel Rosenkrantz, Richard Stearns und Philip Lewis haben schon 1977 bewie-

sen, dass jedes Einfügeverfahren Lösungen erzeugt, deren Länge von der optimalen Tour um nicht mehr als den Faktor $1+\log_2 N$ abweichen. Für N = 16 Städte ist dieser Faktor gleich 5, also recht groß.
Das aber ist der Worst Case. In der Praxis hat man zum Beispiel mit der Farthest-Insertion-Heuristik wegen seiner guten Average-Case-Performance wesentlich bessere Ergebnisse erzielt. In der Tat produziert von allen Einfüge-Heuristiken die Farthest-Insertion-Methode in vielen untersuchten Fällen die kürzeste Tour. Dennoch konnte aber auch für sie keine bessere obere Schranke bewiesen werden als die eben genannte logarithmische.

Der Spannbaum

In kreativer Konkurrenz zu den Strategien des nächsten oder fernsten Nachbarn steht ein Verfahren, das von einer Struktur ausgeht, die man als Spannbaum bezeichnet. Ein Spannbaum ist leicht zu erzeugen: Er entsteht immer dann, wenn aus einer beliebigen Tour irgendeine Verbindungsstrecke zwischen zwei Städten entfernt wird.
Aber was ist ein Spannbaum?
Ein Spannbaum besteht aus allen N Städten des Problems und so vielen Verbindungsstrecken, dass jede Stadt von jeder anderen Stadt über einen Streckenzug erreichbar ist.
Besonders wichtig für die Konstruktion kurzer Touren haben sich *minimale* Spannbäume erwiesen. Das sind unter allen Spannbäumen diejenigen mit der kürzesten Gesamtlänge aller ihrer Verbindungsstrecken.
Hier ist ein einfaches Beispiel für einen minimalen Spannbaum: Angenommen, ein Verkehrsamt will in einem noch unerschlossenen Gebiet Straßen planen, die sechs Gebäude,

nämlich das Rathaus, das Postamt, das Krankenhaus, die Kirche, das Gasthaus und die Arztpraxis jeweils voneinander erreichbar machen. Die Entfernungen zwischen je zwei der sechs Örtlichkeiten sind natürlich dem Verkehrsamt bekannt.

Das Verkehrsamt will nun die Straßen so bauen, dass je zwei Häuser zwar nicht unbedingt durch eine direkte Straße, aber jedenfalls durch einen Straßenzug miteinander verbunden sind. Die Baukosten sollen verständlicherweise möglichst gering sein. Kurzum: Das Verkehrsamt muss einen minimalen Spannbaum für die sechs Häuser suchen.

In der folgenden Abbildung bilden die fünf breiteren Verbindungsstrecken offensichtlich einen minimalen Spannbaum, da er nur aus den kostengünstigsten Verbindungsstrecken von jeweils 2 Einheiten besteht.

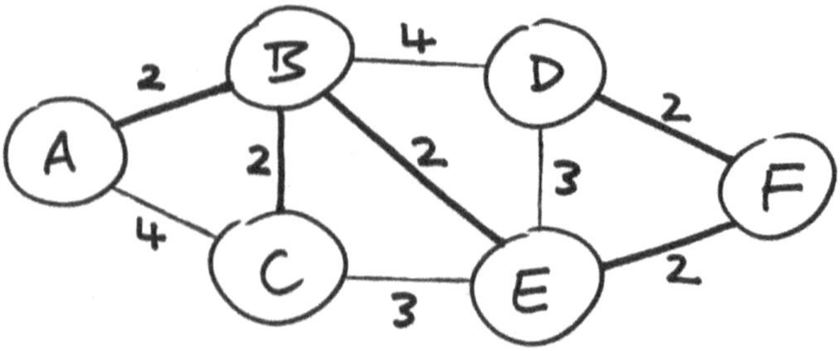

Abb. 40: *Minimaler Spannbaum, bestehend aus den breiteren Verbindungsstrecken für die sechs vorgegebenen Punkte A bis F*

Es besteht insofern eine enge und wichtige Beziehung zwischen einem minimalen Spannbaum und einer optimalen Tour: Im Gegensatz zu einer optimalen Tour, für die es – wie bereits erwähnt – kein schnelles Konstruktionsverfahren gibt, existiert ein solches für einen minimalen Spannbaum aber sehr wohl.

Der lässt sich zum Beispiel mit dem einfachen und gleichzeitig effizienten Algorithmus von Robert Prim aus dem Jahr 1957 erzeugen. Von einem beliebigen Punkt ausgehend, wird schrittweise immer die kürzeste Strecke und deren Endpunkt zum Netzwerk hinzugefügt. Dieses Schema wird so lange wiederholt, bis das neue Netzwerk alle Punkte enthält. Der dann vorliegende Spannbaum ist zwingend minimal. Der Algorithmus wählt also immer die lokal beste Möglichkeit, nicht aber unbedingt die global beste.

Da wir dank Prim nun über einen minimalen Spannbaum verfügen, ist es nicht mehr weit bis zu einer vollständigen Tour. Wir müssen uns nur eines wundervollen Tricks bedienen: Wir erlauben nämlich, dass die Orte zweimal besucht werden können. Anders ausgedrückt: Jede Strecke des Spannbaums darf zweimal beschritten werden. Dann finden sich in diesem sogenannten *Doppelbaum* Routen, deren Gesamtlänge höchstens das Doppelte der Gesamtlänge der Strecken des Spannbaumes ist.

Diese Routen sind aber typischerweise keine gültigen Rundreisen für das Ausgangsproblem. Sie werden es aber, wenn Orte, die schon einmal besucht wurden, beim nächsten laut Besuchsplan eigentlich anstehenden Besuch einfach übergangen werden und man stattdessen den direkten Weg zum unmittelbar folgenden Ort wählt.

Systematisch kann man aus dem Doppelbaum eine Rundreise so konstruieren, indem man zunächst die Orte nach der Reihenfolge ihres Besuchs notiert und anschließend diese Auflistung von links nach rechts durchläuft: Bei diesem Durchlauf müssen Orte, die schon besucht wurden, bei nochmaligem späteren Auftreten in der Liste gestrichen werden.

Geometrisch lässt sich dieses Schema auch so erklären: Wenn eine Tour im Doppelbaum vorliegt, lässt sich eine kürzere Tour gewinnen, wenn man für jeweils drei aufeinanderfolgende Orte *A*, *B*, *C* prüft, ob die beiden Strecken von *A* nach *B* und *B* nach *C* durch die kürzere Strecke von *A* direkt nach *C* ersetzt werden können. Das ist immer möglich, wenn infolge dieser Maßnahme Ort *B* nicht isoliert wird, also von allen anderen Punkten des Doppelbaums nicht mehr erreichbar ist. So entsteht durch solche Abkürzungen aus dem Doppelbaum eine Tour.

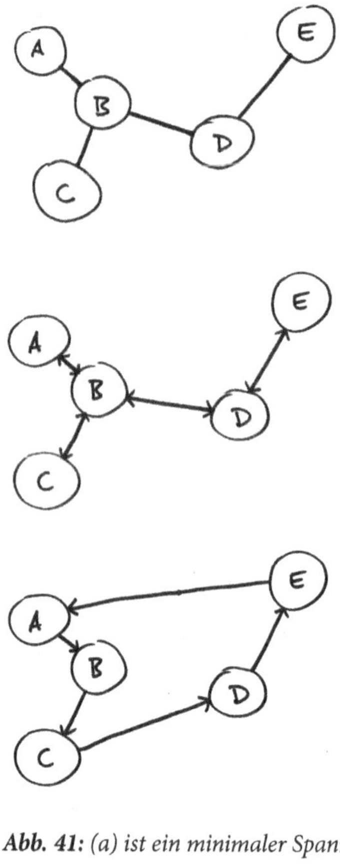

Abb. 41: *(a) ist ein minimaler Spannbaum,*
(b) der zum Spannbaum gehörende Doppelbaum,
(c) aus dem Doppelbaum mittels Abkürzungen entstehende Tour

Damit haben wir ein wenig aufwendiges Verfahren beschrieben, um mit einem minimalen Spannbaum eine Tour zu erzeugen. Es ist der Doppelbaum-Algorithmus.
Wir wollen es nicht versäumen, nun noch zwei sehr intelligente Verfahrensweisen zu erwähnen, die der Natur abgeschaut sind.

Genetische Algorithmen

Eine Klasse moderner Strategien sind die genetischen Algorithmen. Sie bilden die auf Mutation und Selektion aufbauenden Entwicklungsprozesse der Evolution problemspezifisch nach. Auch für das TSP gibt es eine Variante dieser Algorithmen.
Genetische Algorithmen gehen beim TSP ebenfalls schrittweise vor. Der Ausgangspunkt für die Suche nach einer guten Tour beginnt mit einer Zufallsauswahl von Touren für das vorliegende TSP. Manche dieser vom Zufall ausgewählten Touren sind kürzer, manche länger. Gemäß dem Prinzip der evolutionären Auslese erhalten die kürzeren Touren nun mit größeren Wahrscheinlichkeiten die Chance, als Vorbilder für modifizierte Touren der zweiten Generation zu fungieren.
Diese modifizierten Touren kann man sich als Mutationen der Touren der ersten Generation vorstellen. Die wahrscheinlichkeitsgesteuerte Auswahl für die nächste Generation entspricht der biologischen Selektion. Biologisch ausgedrückt zeugen die kürzeren Touren mit größeren Wahrscheinlichkeiten zwar ähnliche, aber dennoch modifizierte Nachkommen als die längeren Touren.
Dieser Vorgang wird über viele Generationen fortgesetzt. Langsam setzen sich analog zur biologischen Evolution in

der Generationenfolge mehr und mehr die kürzeren Touren durch. Wenn sich die Länge der jeweils kürzesten Tour in jeder Generation irgendwann nicht mehr wesentlich ändert, wird der Vorgang abgebrochen und das Minimum als beste gefundene Tour präsentiert.

Ameisen-Algorithmen

Faszinierend sind auch hier Algorithmen, die das Verhalten von Ameisen nachbilden. Ameisenkolonien haben bekanntlich die Fähigkeit, von ihrem Nest den kürzesten Weg zu einer Futterquelle zu finden. Dabei arbeiten sie mit Pheromonen, das ist weiter vorn im Buch bereits beschrieben.

Dieses erfolgreiche Grundprinzip kann mathematisiert und in eine abstrakte Welt mit künstlichen Ameisen übertragen werden. Ein mathematisches Modell abstrakter Ameisen mit von der Natur abgeschauten Fähigkeiten eignet sich offensichtlich als Ansatz für unser Problem, da es auch beim TSP um die Suche nach einem kürzesten Weg geht.

Wie lässt sich nun ganz konkret für das TSP ein abstraktes Modell einführen, mit dem das Verhalten natürlicher Ameisen bei der Suche nach dem kürzesten Weg modellhaft imitiert wird?

Hier ist eine Möglichkeit:

Zunächst wird ein ganzes Ensemble künstlicher Ameisen nach dem Zufallsprinzip über den Punkten des Netzwerks platziert. Nach einer Zeiteinheit wählt jede Ameise eine zur Verfügung stehende Strecke. Die gewählte Strecke wird gemäß einer Wahrscheinlichkeitsverteilung ausgewählt, die vom »Pheromongewicht« der Strecke und der Streckenlänge abhängt.

Bei der Wahl der Verteilung ist darauf zu achten, dass die

Ameisen jene Strecken mit größeren Wahrscheinlichkeiten beschreiten, die ein größeres Pheromongewicht und eine kürzere Streckenlänge haben. Nach jedem Zeitschritt und nach der Wahl einer zu begehenden Strecke vergrößern die Ameisen jeweils die Pheromongewichte auf den Verbindungsstrecken, die sie probabilistisch gewählt haben, um einen festen Zahlenwert.

Wenn alle künstlichen Ameisen eine vollständige Tour absolviert haben, wird geprüft, welche Ameise die kürzeste Tour zurückgelegt hat: Auf allen Strecken dieser Tour werden sodann die Pheromongewichte umso mehr erhöht, je kürzer die Gesamtlänge der Tour ist. Die Pheromongewichte der Strecken werden demnach sowohl lokal als auch global vergrößert, mit einer Tendenz der Bevorzugung kürzerer Touren gegenüber längeren.

Nachdem die Arbeit des ersten Ameisen-Ensembles auf diese Weise ausgewertet wurde, werden abermals künstliche Ameisen ins Rennen über die Verbindungsstrecken geschickt. Deren Pheromongewichte sind inzwischen aufgrund des ersten Ameisen-Teams zugunsten jener Strecken mit größeren Gewichten getuned, die beim ersten Team als Teilstrecken besonders kurzer Touren aufgetreten sind. Auch bei den Ameisen der zweiten Generation werden wiederum – lokal und global – Pheromongewichte als Belohnung für gewählte Strecken und die Beteiligung an der kürzesten Tour vergeben. Dieser Vorgang wird mit immer neuen Ameisenkolonien immer wieder durchgeführt, bis sich der jeweils kürzeste gefundene Weg nicht mehr wesentlich verbessert. Der kürzeste Weg wird schließlich als Lösung ausgegeben.

Studien haben gezeigt, dass Ameisen-Algorithmen für das TSP in kurzer Zeit gute Wege finden können. Insbesondere erwiesen sie sich nachweislich den genetischen Algorithmen und dem Farthest-Insertion-Algorithmus überlegen.

Die Tour durch die Landeshauptstädte

Kommen wir nun zu unserem Freund und seiner geplanten Deutschland-Tournee zurück. Wenn er bei all dem bisher Berichteten aufmerksam war, hat er wahrscheinlich mehr über sein Problem erfahren, als er je wissen wollte.
Das bereitet ihm eventuell Kopfzerbrechen, denn von jeder Landeshauptstadt gehen 15 Strecken zu den jeweils anderen Städten aus.

Durch die 16 Hauptstädte der Bundesländer gibt es etwa 1300 Milliarden verschiedene Rundreisen, wobei wir die beiden Richtungen durch dieselbe Städteabfolge als verschieden gezählt haben. Angesichts der Größenordnung dieser Zahl ist es rechnerisch aufwendig, die Länge jeder Tour zu prüfen, um dann die kürzeste auszuwählen. Außer mit einem Quantencomputer unseres Vertrauens.
Auch dieses Ergebnis von 1300 Milliarden Möglichkeiten ist eine kombinatorische Explosion. Das TSP gehört nach heutigem Wissensstand deshalb wohl nicht zur sogenannten Problemklasse *P*. Diese Klasse enthält alle *effizient* lösbaren Probleme. *Effizient* bedeutet in diesem Zusammenhang, dass die Zahl der benötigten Rechenschritte und demzufolge auch die Rechenzeit eines Computers nur polynomial mit der Anzahl *N* der Städte anwächst. Der Fachbegriff *polynomial* bezeichnet eine Summe aus Zahlen multipliziert mit den Potenzen von Variablen. Zum Beispiel ist $\frac{1}{2}n^2 + \frac{1}{2}n$ ein polynomialer Ausdruck in der Variablen n. Er gibt die Summe der natürlichen Zahlen von 1 bis n an. Das Polynom zeigt, dass diese Summe quadratisch mit der Zahl n der Summanden ansteigt. Im TSP ist die entscheidende Variable die Anzahl *N* der Städte.
Etwas vergröbernd könnte man sagen: Für Probleme der

	B	HB	DD	D	EF	HH	H	KI	MD	MZ	M	P	SB	SN	S	WI
B	–	315,51	165,22	477,68	238,18	255,71	249,65	295,13	128,25	454,96	504,50	27,73	580,28	181,03	512,15	449,04
HB	315,51	–	404,93	248,03	278,48	95,01	100,10	164,01	218,00	344,49	582,57	295,96	445,29	183,72	478,62	334,89
DD	165,22	404,93	–	485,66	189,86	376,93	312,12	437,09	188,15	403,76	359,02	156,72	521,55	326,68	412,43	402,62
D	477,68	248,03	485,66	–	297,81	338,58	240,19	411,89	349,90	172,56	486,76	451,00	221,71	412,53	321,88	163,48
EF	238,18	278,48	189,86	297,81	–	295,28	179,02	377,15	135,50	223,22	317,75	211,52	346,21	296,11	277,60	220,24
HH	255,71	95,01	376,93	338,58	295,28	–	132,48	86,06	192,91	412,51	612,24	242,23	523,19	94,37	534,10	404,14
H	249,65	100,10	312,12	240,19	179,02	132,48	–	218,52	132,15	283,41	488,56	225,52	398,81	179,13	401,65	274,93
KI	295,13	164,01	437,09	411,89	377,15	86,06	218,52	–	263,38	497,75	695,00	288,86	605,46	114,12	620,15	488,68
MD	128,25	218,00	188,15	349,90	135,50	192,91	132,15	263,38	–	334,36	444,08	101,18	459,42	166,87	411,41	328,71
MZ	454,96	344,49	403,76	172,56	223,22	412,51	283,41	497,75	334,36	–	317,36	427,38	125,37	458,00	150,71	10,11
M	504,50	582,57	359,02	486,76	317,75	612,24	488,56	695,00	444,08	317,36	–	484,94	358,83	610,38	190,37	325,42
P	27,73	295,96	156,72	451,00	211,52	242,23	225,52	288,86	101,18	427,38	484,94	–	552,72	175,30	486,63	422,63
SB	580,28	445,29	521,55	221,71	346,21	523,19	398,81	605,46	459,42	125,37	358,83	552,72	–	599,00	167,40	130,13
SN	181,03	183,72	326,68	412,53	296,11	94,37	179,13	114,12	166,87	458,00	610,38	175,30	599,00	–	561,13	450,17
S	512,15	478,62	412,43	321,88	277,60	534,10	401,65	620,15	411,41	150,71	190,37	486,63	167,40	561,13	–	160,51
WI	449,04	334,89	402,62	163,48	220,24	404,14	274,93	488,68	328,71	10,11	325,42	422,63	130,13	450,17	160,51	–

Entfernungen zwischen den Landeshauptstädten der Bundesländer in km Luftlinie. Abkürzungen (= Autokennzeichen): B = Berlin, HB = Bremen, D = Düsseldorf, DD = Dresden, EF = Erfurt, HH = Hamburg, H = Hannover, KI = Kiel, MD = Magdeburg, MZ = Mainz, M = München, P = Potsdam, SB = Saarbrücken, SN = Schwerin, S = Stuttgart, WI = Wiesbaden

Klasse *P* gibt es Algorithmen, die diese Probleme schnell, also mit praktisch vertretbarer Rechenzeit, exakt lösen können. Anders ist es bei der Problemklasse *NP*, bestehend aus Problemen, deren Rechenzeit bis zur Lösung *exponentiell* mit der Größe des Problems wächst. Und zwar trotz des Einsatzes der besten Algorithmen, die für sie zur Verfügung stehen. Kurz gesagt: Alle bisher besprochenen Wege bringen uns der Lösung unseres TSP-Problems nicht wirklich näher – wir müssen einen anderen Weg finden.

Aufgaben wie das TSP-Problem sind für praktisch relevante Größenordnungen nur extrem schwer, langwierig oder gar nicht lösbar. Für in der Praxis auftretende Größenordnungen, wie sie sich beim TSP-Problem zeigen, greift man deshalb auf polynomial schnelle Verfahren zurück, die aber einen Nachteil haben: Sie liefern nur Näherungslösungen.

Was die kürzeste Tour meines Freundes durch die Landeshauptstädte betrifft, kann man einen Schätzwert ermitteln aus der Überlegung, dass die größtmöglichen Nord-Süd- und Ost-West-Ausdehnungen der Bundesrepublik 900 km bzw. 650 km betragen. Man kann als Schätzwert für die Länge der optimalen Rundreise somit $2 \cdot 650 + 900 = 2200$ km ansetzen. Wir wollen das TSP-Problem nun mit dem berühmtesten Näherungsalgorithmus lösen.

Der Christofides-Algorithmus

Dieser Absatz fängt mit einem Paukenschlag an: Es gibt einen polynomial effizienten Algorithmus, der selbst im ungünstigsten Fall bis auf den Faktor 1,5 an die Länge der optimalen Tour herankommt. Er wurde im Jahr 1976 vom zypriotischen Mathematiker Nicos Christofides erdacht.

Die Intuition hinter dem Christofides-Algorithmus lässt sich so zusammenfassen: Der Algorithmus beginnt mit dem kürzesten Netzwerk, das alle Punkte miteinander verbindet und keine Kreise enthält. Anders gesagt: Es beginnt mit einem minimalen Spannbaum, erzeugt mit dem Algorithmus von Prim.

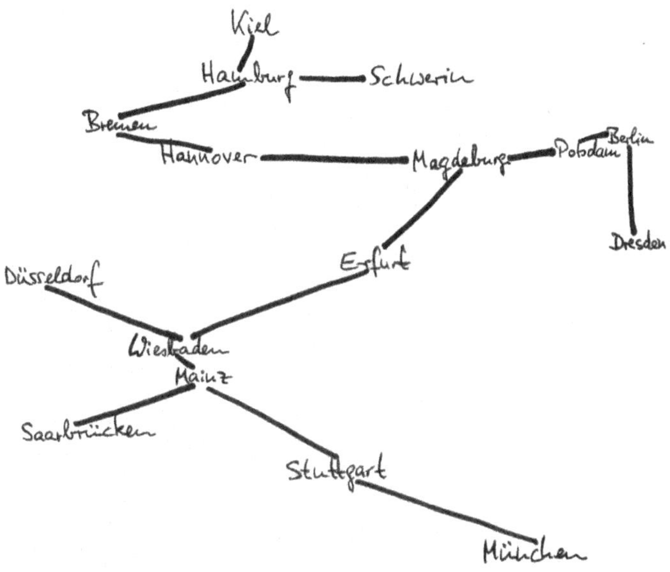

***Abb. 42:** Minimaler Spannbaum für die Landeshauptstädte*

Nun ist es so, dass jede Tour eine gerade Anzahl von Verbindungsstrecken an jedem Punkt (diese Anzahl ist der Grad des Punktes) aufweist, nämlich genau zwei: einen für die Anreise und einen für die Abreise.

Auch das Umgekehrte trifft zu: Wenn jeder Punkt eines Netzwerks eine positive gerade Anzahl von Verbindungen zu anderen Punkten hat, dann ist es möglich, in diesem Netzwerk eine Tour zu finden.

Der minimale Spannbaum besitzt diese Eigenschaft der Geradzahligkeit aber leider nicht, da jeder Knotenpunkt am Ende eines Streckenzuges nur eine einzige Strecke zu einem anderen Punkt hat.

Die Idee von Christofides ist ein Beweisidyll. Es besteht darin, den minimalen Spannbaum so mit Verbindungsstrecken zu ergänzen, dass kein Punkt mehr ungerade ist, und dann mit dem Doppelbaum-Algorithmus daraus eine Tour zu konstruieren.

Genauer gesagt: Der erste Schritt ist die Konstruktion eines minimalen Spannbaumes T mit dem Algorithmus von Prim. Dann prüfen wir, wie viele Punkte in diesem Spannbaum einen ungeraden Grad haben. Dazu gehören wie gesagt in jedem Fall die Punkte an den Enden, wo der Spannbaum aufhört, aber zusätzlich eventuell auch noch »innere« Punkte. Und nun Ideen-Recall: Aufgrund des Theorems vom Händeschütteln wissen wir, dass es eine *gerade* Zahl von Punkten mit ungeradem Grad gibt.

So gerüstet streichen wir gedanklich aus dem Spannbaum alle Strecken und alle Punkte bis auf jene mit ungeradem Grad. Das sind die Problempunkte, um die wir uns kümmern müssen. Im ungünstigsten Fall, wenn es ganz schlecht läuft, sind alle Punkte Problempunkte und wir konnten gar nichts streichen. Wie immer es auch sei, was bleibt, ist eine gerade Anzahl von Punkten.

Da es eine gerade Anzahl ist, können diese verbleibenden Punkte jeweils paarweise durch eine Strecke verbunden werden, und zwar so, dass jeder dieser Punkte nur von einer Strecke erreicht wird. Das Ergebnis nennen die Mathematiker ein perfektes Matching.

Also gehen wir vom schlimmsten Fall aus, dass alle N Punkte Problempunkte sind, dann müssen wir $N/2$ Paare von Punkten miteinander matchen. Dafür brauchen wir $N/2$ Strecken.

Wir werden uns dafür natürlich die kürzesten Strecken heraussuchen. Aber wenn es wieder schlecht für uns läuft, dann sind alle Strecken im minimalen Spannbaum gleich lang. Wenn wir uns die *N*/2 Strecken für das perfekte Matching heraussuchen, dann sind auch diese gleich lang, und ihre Gesamtlänge ist die Hälfte der Summe aller Strecken im minimalen Spannbaum. Da wir diese dem minimalen Spannbaum hinzufügen, hat das entstehende Netzwerk eine Länge von 1,5 Mal der Länge des minimalen Spannbaums.

Durch diesen kleinen Umweg über das perfekte Matching haben wir erreicht, dass wir den anfangs konstruierten minimalen Spannbaum selbst im ungünstigsten Fall bestmöglich auf das Eineinhalbfache seiner Länge erweitern können, und zwar so, dass jeder Punkt gerade ist. Denn jeder Punkt, der ehemals ungerade war, hat eine weitere Strecke hinzubekommen.

Die übrigen Schritte sind dann dieselben wie im Doppelbaum-Algorithmus. Und fertig ist das A-priori-Prachtstück von Beweis.

Das zum minimalen Spannbaum der Abbildung 42 gehörende perfekte Matching mit kürzester Länge verbindet die Städte Mainz mit Wiesbaden, Hamburg mit Kiel, Magdeburg mit Schwerin, Düsseldorf mit Saarbrücken, Dresden mit München. Aus diesem Matching und dem minimalen Spannbaum (siehe Abbildung 43) lässt lässt sich mit der Doppelbaum-Methode leicht die Christofides-Tour von Abbildung 44 erzeugen.

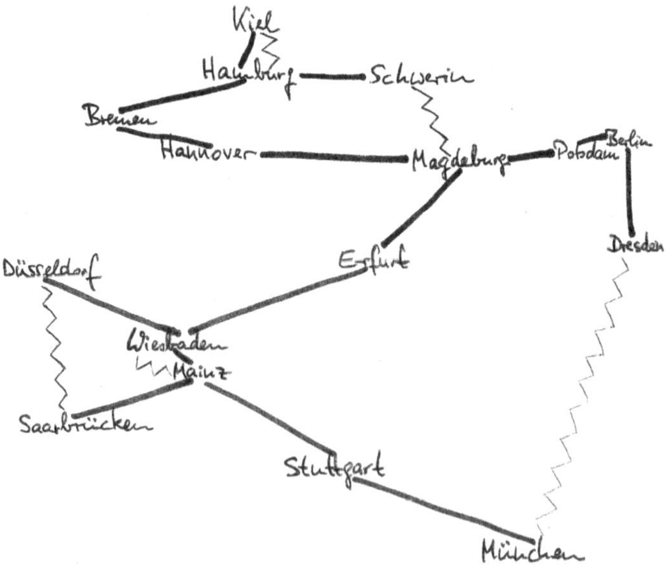

Abb. 43: *Der minimale Spannbaum, erweitert um die Strecken des kürzesten perfekten Matchings (als dünne Zickzacklinien)*

Die mit dem Christofides-Algorithmus konstruierte Tour hat eine Länge von 2466,21 Kilometern.

Der Christofides-Algorithmus liefert eine annähernde Lösung, die nie um mehr als 50 Prozent länger ist als das Optimum.

Als Nicos Christofides seinen Algorithmus vorstellte, war die Hoffnung groß, dass auf dessen Grundlage bald noch bessere Algorithmen erzeugt werden könnten, mit einer Worst-Case-Schranke von weniger als dem 1,5-Fachen gegenüber dem Optimum. Viele Experten beteiligten sich intensiv an der Suche nach einer Methodik, welche den Worst-Case-Faktor unter 1,5 drücken würde.

Trotz erheblicher Anstrengungen einer erheblichen Zahl erheblich intelligenter Menschen gelang dies erst kürzlich. Die Wissenschaftler Anna Karlin, Nathan Klein und Shayan Oveis Gharan kreierten zu diesem Zweck unter großem in-

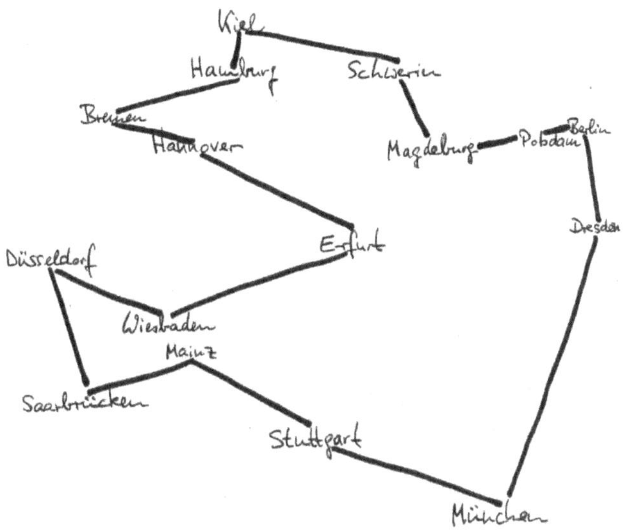

Abb. 44: *Christofides-Lösung des TSP durch die 16 Hauptstädte der Bundesländer*

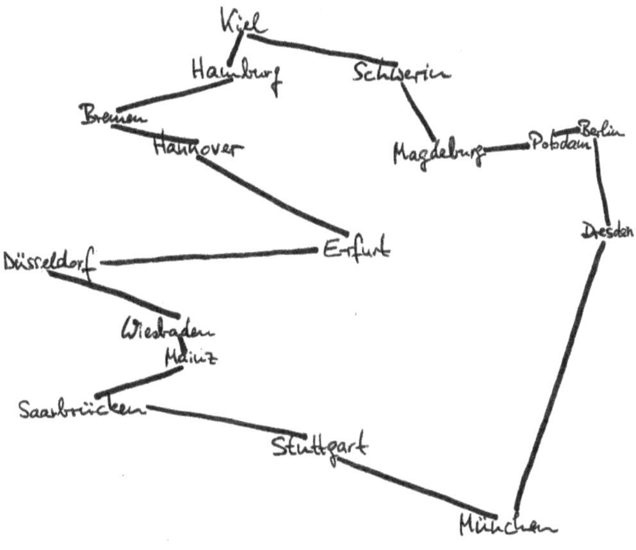

Abb. 45: *Verbesserung der Christofides-Lösung*

tellektuellen Aufwand einen brillanten neuartigen Ansatz. Die drei waren gescheiter statt gescheitert. Das von ihnen in einer Arbeit vom März 2022 bewiesene Resultat besagt, dass die obere Schranke der Christofides-Tour gegenüber dem Optimum bei $1{,}5 - 10^{-36}$ liegt.

Das zeigt, wie klein der Fortschritt in der Wissenschaft selbst bei langjährigen intensiven Anstrengungen bisweilen ist: Karlin, Klein und Oveis Gharan haben die Christofides-Schranke um 70 Millionstel eines Billionstels eines Trillionstels eines Prozents reduziert. Dennoch wird ihre Leistung als Meilenstein gewertet, da nun klar ist, dass die bisher als bestmöglich betrachtete Schranke von 1,5 offensichtlich nicht endgültig ist.

Und schließlich, damit auch das nicht offenbleibt und wir unseren reisebereiten Freund nicht länger warten lassen: Schaut man sich die Christofides-Tour genauer an, insbesondere die Streckenführung von Stuttgart bis Erfurt, so kann man vermuten, dass es für diesen Streckenabschnitt noch eine etwas kürzere Reiseroute gibt. In der Tat ist die in Abbildung 45 gezeigte geringe Modifikation der Christofides-Tour mit insgesamt nur 2348,87 Kilometern noch etwas kürzer. Die grobe Anfangsschätzung von 2200 Kilometern für die optimale Tour war also gar nicht so schlecht.

Rundreise eines Springers

Lassen Sie uns eine kleine Abschlussgrübelei zum Thema Rundreisen aus einem anderen Setting anstellen: Schachfreunde wissen, dass es auch auf dem Schachbrett ein TSP-Problem gibt. Das Problem der Rundreise eines Springers. Etwas veraltet wird es als Rösselsprungproblem bezeichnet.
Es ist die Fragestellung, ob ein Springer von einem beliebigen Anfangsfeld in 63 legalen Springerzügen alle anderen Felder eines 8 × 8-Schachbretts genau einmal besuchen kann. Wird zusätzlich noch verlangt, dass der Springer anschließend mit dem 64. Zug wieder auf das Anfangsfeld springt, so spricht man von einer geschlossenen Springertour, die eine Analogie zum Problem des Handlungsreisenden ist, wenn man die Städte als Felder auf einem Schachbrett ansieht. Auf einem 8 × 8-Brett gibt es genau 26 534 728 821 064 geschlossene Springertouren.
Die ersten beiden Touren gehen auf al-Adli ar-Rumi und Ali C. Mani zurück, die sie um 840 in Bagdad veröffentlichten, damals die größte Stadt der Welt. Al-Adlis Tour ist zudem eine geschlossene Tour, wie man leicht sieht.

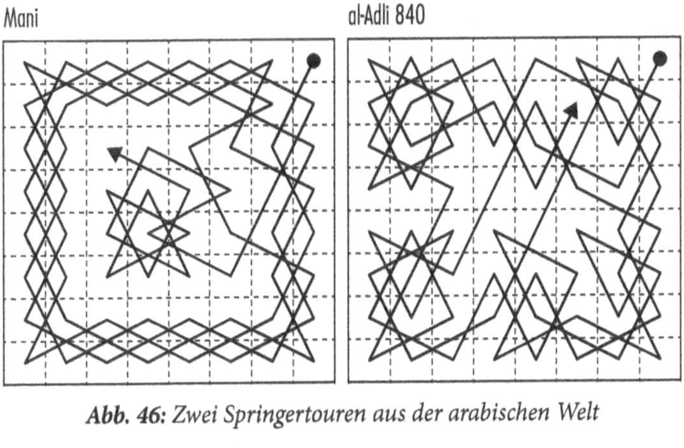

Abb. 46: *Zwei Springertouren aus der arabischen Welt*

Kennen Sie Lajos Pósa? Ich werde Ihnen später von einem Mittagessen im Leben des Lajos Pósa erzählen. Aber hören wir erst einmal, was dieses Wunderkind über die Springertour zu sagen hat.

Aus dem vorigen Abschnitt wissen wir, dass eine geschlossene Springertour auf dem vollen 8 × 8-Schachbrett möglich ist. Aber was ist bei halber Größe? Ist es möglich, dass ein Springer vom Feld b1 aufbrechend jedes der restlichen 31 Felder (in den ersten vier Reihen) genau einmal besucht und im 32. Zug nach b1 zurückkehrt?

Das wäre eine geschlossene Tour auf dem Halbbrett. Die aber ist nicht möglich!

»Warum denn das nicht?«, ist möglicherweise Ihre erste Reaktion. Und die ist berechtigt. Es ist jedenfalls alles andere als klar, warum es nicht machbar sein sollte. Oder sehen Sie einen zwingenden Grund, der das verhindert?

Sie bekommen einen guten Eindruck, dass es nicht geht, wenn Sie tatsächlich ein Schachbrett und einen Springer zur Hand nehmen und es ausprobieren. Früher oder später springt man in eine Sackgasse, und die Reise des Springers gerät ins Stocken. Dies geschieht unabhängig davon, auf welchen Weg Sie Ihr Pferd schicken und wo Sie beginnen. Sie werden erleben, wie das Gefühl der Unmöglichkeit Sie langsam erfasst und Besitz von Ihnen ergreift. Irgendwann werden Sie sicher sein, dass es eine geschlossene Tour nicht gibt. Aber es geht nur um Haaresbreite nicht, wie die folgende Abbildung zeigt. Es ist eine Springertour, aber sie ist nicht geschlossen.

***Abb. 47:** Einfache Halbbrett-Tour*

Die aus experimentellem Versuch und Irrtum resultierende Intuition für die Unmöglichkeit stellt natürlich noch keinen gültigen Beweis dar. Zumindest nicht in der Mathematik. Denn schließlich gibt es auch auf dem Halbbrett eine sehr große Anzahl von Zugfolgen, die man ausprobieren könnte, und vielleicht haben Sie einfach diejenige verpasst, die funktioniert. Außerdem ist es etwas unbefriedigend, wenn man seine Überzeugung jemand anderem mitteilt. Einfach nur zu sagen: »Ich habe es viele Stunden versucht, konnte aber keine Lösung finden, also glaube ich, dass es keine gibt«, wird nicht überzeugen. Aber ein nachvollziehbares logisches Argument würde es können.

Genau hier setzt Lajos Pósa an. Als er noch ein Teenager war, suchte er nach einem solchen Argument. Und er fand einen kurzen und brillanten Beweis für die Unmöglichkeit einer geschlossenen Springertour auf dem Halbbrett.

Bevor wir zum Beweis kommen, lassen Sie mich Ihnen ein wenig über Lajos Pósa erzählen. In gewisser Weise ist er mein Held. Als er noch jung war, zeigte sich, dass er wirklich eine enorme mathematische Begabung besaß.

Sein Vater war Chemiker und seine Mutter Mathematikerin. Als Lajos zwölf Jahre alt war, machte ein Freund seiner Mutter,

der mit Paul Erdös bekannt war, den weltberühmten ungarischen Mathematiker auf den Jungen aufmerksam. Erdös, der sein ganzes Leben lang ein großes Interesse an jungen Menschen mit außergewöhnlichen intellektuellen Fähigkeiten hatte und die Karrieren vieler seiner »Kinder«, wie er sie nannte, unterstützte, erklärte sich bereit, mit Lajos zu Mittag zu essen.
Wie es seine Gewohnheit war, bombardierte Erdös den Jungen mit mathematischen Fragen. Ein Thema, über das sie sprachen, waren Zahlen, die außer 1 keinen gemeinsamen Teiler haben. Diese Zahlenpaare, wie zum Beispiel 8 und 15, werden als teilerfremd bezeichnet. Erdös stellte dem Jungen ein Problem, mit dem er zuvor schon die mathematischen Fähigkeiten anderer Menschen getestet hatte. Es lautet so: Angenommen, ich gebe dir $n + 1$ Zahlen aus der Zahlenmenge 1, 2, 3, …, $2n$. Lassen sich unter den Zahlen, die ich dir gebe, immer mindestens zwei finden, die teilerfremd sind?
Das also war das Problem, das der große und weltberühmte Paul Erdös dem Youngster stellte. Und nun stellen Sie sich bitte einen kleinen Jungen vor, der mit einem der größten Mathematiker des 20. Jahrhunderts zu Mittag isst. Allein dadurch wahrscheinlich schon etwas angespannt, versucht er, seine Suppe zu essen, und ihm wird eine Flut von Problemen serviert.
Bevor ich Ihnen die Antwort sage, möchten Sie vielleicht selbst darüber nachdenken.
Wenn Sie keine Lösung anbieten können, dann hilft vielleicht dieser Tipp: Eines ist ziemlich klar: Wenn man statt $n + 1$ Zahlen nur n Zahlen aus der Menge 1, 2, …, $2n$ bekommen hätte, dann ist es durchaus möglich, dass keine zwei davon teilerfremd sind. Bedenken Sie nur, dass die n geraden Zahlen 2, 4, 6, …, $2n$ alle durch 2 teilbar sind und daher kein Paar unter ihnen teilerfremd ist. Hilft das als kleiner Hinweis?
Folgendes berichtete Erdös später über die Reaktion des Jun-

gen, als er das Problem aufwarf. Er schwieg eine halbe Minute und löffelte immer noch seine Suppe. Dann sagte er: »Wenn ich $n + 1$ positive ganze Zahlen habe, die nicht größer als $2n$ sind, dann müssen zwei davon aufeinanderfolgend und daher teilerfremd sein.«

Man kann sich vorstellen, wie der Teenager dies ganz lässig und mit somnambuler Sicherheit sagt, ohne sein Tempo beim Löffeln der Suppe zu verlangsamen. Ein starker Auftritt. Erdös war jedenfalls tief beeindruckt und verglich diese geistige Leistung später mit der des siebenjährigen Carl Friedrich Gauß, der die Zahlen von 1 bis 100 in wenigen Sekunden addierte (durch Bildung der Paare 1 + 100, 2 + 99, bis 50 + 51, sodass die Gesamtsumme schlussendlich $50 \cdot 101 = 5050$ sein muss).

Erdös fand den jungen Pósa so vielversprechend, dass die beiden in Kontakt blieben und sich gegenseitig Briefe über ungelöste mathematische Probleme schrieben. Sie veröffentlichten sogar mehrere wissenschaftliche Arbeiten zusammen, als Pósa noch ein Teenager war.

Pósa schien also bestens aufgestellt für eine steile Karriere in der mathematischen Forschung. Doch an einem Punkt in seinem Leben entschied Lajos Pósa, dass er genug geforscht hatte: Obwohl er bereits einen gewissen Ruhm für seine neuen mathematischen Erkenntnisse erlangt hatte und das »Lieblingskind« von Erdös war, widmete sich Pósa fortan der Mathematikpädagogik. Er wurde in den folgenden Jahrzehnten zu einem der renommiertesten Pädagogen in ganz Ungarn. Erdös bedauerte den Sinnes- und Interessenwandel Pósas sehr und kommentierte dies mit den Worten: »Pósa ist tot!«

Als ich dieses Erdös-Zitat las, war ich schockiert. Was ist es doch für eine schreckliche Aussage über ein Genie, das mehr Freude daran fand, die mathematischen Fähigkeiten von Kindern zu fördern, als seine eigene Gabe für mathematische Forschung fortzusetzen und zu kultivieren. Mehr Macht und Kraft für ihn!

Nach dem Mittagessen, bei dem Lajos Pósa eine beeindruckende Kostprobe seiner kreativen Denkfähigkeiten gab, wollen wir nun sehen, wie er die Unmöglichkeit einer geschlossenen Springertour auf einem halben Schachbrett bewies.

Seine Argumentationslinie ist ein Beweis durch Widerspruch. Das heißt, er geht hypothetisch davon aus, dass eine geschlossene Springertour doch möglich sei. Anknüpfend an diese Ausgangsannahme zieht er daraus gültige Schlüsse, bis er auf einen Widerspruch stößt: also auf etwas, das nicht wahr sein kann.

Wenn der gesamte Gedankengang logisch korrekt ist, dann muss dieser Widerspruch durch die irrige Annahme gleich am Anfang entstanden sein. Diese Annahme kann demnach nicht zutreffen. Denn wenn logisch fundierte Schlussfolgerungen aus einer wahren Annahme gezogen werden, wird das niemals etwas Widersprüchliches hervorbringen.

Das ist grob skizziert die Pósa-Angriffslinie. Und hier sind die weiteren Details seines Beweises, dass eine geschlossene Springertour auf einem 4 × 8-Schachbrett nicht möglich ist. Der Überlegung lässt sich leicht folgen.

Nehmen wir, wie gesagt, hypothetisch an, dass eine geschlossene Springertour auf einem 4 × 8-Brett *möglich* ist. Offensichtlich hat das halbe Brett 16 schwarze und 16 weiße Quadrate. Und ein Springer wechselt bei jedem Zug die Farbe seines Standfeldes. Nehmen Sie nun weiter an, dass wir das Halbbrett anders einfärben: Die erste Reihe und die vierte Reihe werden komplett gelb gefärbt, und die beiden Reihen dazwischen werden grün gefärbt. Auch jetzt gibt es jeweils 16 Quadrate in den beiden Farben gelb und grün. Ihre Anordnung ist so gestaltet, dass ein Springer, nachdem er ein gelbes Feld besucht hat, als Nächstes zwingend auf einem grünen Feld landen wird. Aber wenn er auf einem grünen Feld ist, kann er möglicherweise als Nächstes andere grüne Felder besuchen. Was bedeutet das in Bezug auf eine geschlossene Springertour?

Hier ist die Antwort: Da bei einer erfolgreichen Springertour gleich viele Felder gelb und grün gefärbt sind, kann der Springer nicht zwei oder drei grüne Felder hintereinander besuchen, da er diese grüne Strecke nicht mit einer entsprechenden gelben Strecke kompensieren kann, um am Ende gleich viele Felder beider Farben besucht zu haben.

Das bedeutet, dass auch bei dieser Farbgebung eine gelungene geschlossene Springertour zwischen den beiden Farben abwechseln müsste. Dies aber impliziert zwangsläufig, dass die beiden Färbungen, die herkömmliche Schwarz/Weiß-Färbung und die neuartige Gelb/Grün-Färbung, völlig identisch sind. Das aber ist eindeutig nicht der Fall, und wir haben einen Widerspruch. Genau das, was wir wollten. So endet eine hübsche gedankliche Wertschöpfungskette mit der Schlussfolgerung: Es gibt keine geschlossene Springertour auf dem Halbbrett.

Schade!

Aber nochmals bravo, Lajos Pósa! Eine Beifallsform scheint angebracht.

Die Grenzen von Algorithmen

Schon seit einigen Jahrzehnten gibt es Bemühungen, künstliche Intelligenzen zu produzieren, die Humor erzeugen können. Mitte der 1990er-Jahre entstand die Software JAPE, die als Abkürzung für Joke Analysis and Production Engine steht. Ihre intellektuellen Eltern waren Kim Binsted und Graemie Ritchie von der Universität Edinburgh. Die beiden Computerspezialisten hatten sich zum Ziel gesetzt, JAPE so weit zu bringen, dass es lustige Wortspiele schaffen konnte wie zum Beispiel:

Why is a river lazy?
Answer: Because it seldom gets out of its bed.

Wobei dieses Wortspiel nicht von JAPE stammt, sondern menschengemachter Humor ist.
Zwar konnte JAPE allerlei Wortspiele erzeugen, konnte aber das gerade zitierte Vorbild nicht erreichen. Die von JAPE erzeugten Exemplare erreichten bestenfalls das folgende Niveau:

What kind of boy burns?
Answer: A son-burn.
(ein Sohn(en)-Brand).

Oder das unübersetzbare Exemplar:

What is a breakfast-food murderer?
A serial killer.
(ein Cereal-Killer)

All das ist eher putzig als lustig. Und wenn überhaupt lustig, dann doch sehr bemüht lustig, gewissermaßen Prä-Humor. Aber es war immerhin ein Anfang. Selbst heute, drei Jahrzehnte später, ist es noch nicht gelungen, KI-Modelle zu erzeugen, die Humor generieren, der Menschen zum Lachen bringt.

Humor ist eine der stärksten Herausforderungen für die KI-Forschung. In Analogie zum Begriff der »NP-vollständigen Probleme«, die, unscharf ausgedrückt, für Computer in praktisch relevanten Größenordnungen unmöglich lösbar sind, könnte man die Humorgenerierung auch als »KI-vollständig« einstufen. Diese Feststellung ist natürlich nur vorläufig und repräsentiert den aktuellen Stand. Und der könnte sich schnell ändern. Denn es bleibt abzuwarten, ob Quantencomputer auch auf diesem Gebiet einen Quantensprung an Verbesserung bringen werden.

Was aber ist die Ursache für das Humordefizit aktueller Algorithmen? Um Humor maschinell zu erzeugen, muss die Maschine auf ein ausgefeiltes Sprachmodell zurückgreifen können. Solche Modelle liegen erst in Ansätzen vor. Was die Erzeugung von Humor ferner schwierig macht, ist die mangelnde Eindeutigkeit des Problems. Es ist schlichtweg die Tatsache, dass es *den* menschlichen Humor nicht gibt.

Humor ist stark kulturabhängig. Chinesischer Humor unterscheidet sich von deutschem oder brasilianischem Humor. Das hat die international vergleichende Humorforschung deutlich gezeigt.

Über die Jahrhunderte haben sich Wissenschaftler verschiedener Disziplinen mit dem Thema Humor beschäftigt. Sehr intensiv hat das zum Beispiel Sigmund Freud getan. In seinem Werk *Der Witz und seine Beziehung zum Unbewußten* legt er dar, dass Witze im Prinzip zwei wesentliche Aspekte haben, entweder einen aggressiven oder einen erotischen. Der erste will implizit verletzen, der zweite will implizit bloßstellen.

Dies belegte Freud durch rund 200 Witze und Anekdoten, die er in seinem Buch aufführte. Einige davon untersuchte er auch psychoanalytisch und stellte von Fall zu Fall die jeweilige Beziehung zu Träumen und zum Unbewussten her.
Hier ist einer der erklärten Lieblingswitze von Sigmund Freud:

> Ein Delinquent geht mit seinem Henker Richtung Schafott. Es fängt an zu regnen. »Auch das noch«, sagt der Delinquent. Meint der Henker: »Sie haben Glück, ich muss den ganzen Weg auch wieder zurückgehen.«

Diese Witze sagen eher etwas über den spezifischen Humor von Freud aus und belegen ungewollt, dass Humor nicht nur kulturabhängig, sondern auch sehr individuell ist.
Aufs Ganze gesehen empfinde ich Freuds Humor-Modell, das man als einfaches Zwei-Komponentenmodell mit den Polen Aggression und Sexualität beschreiben kann, als bei Weitem zu eng. Es erfasst jedenfalls einen Großteil dessen nicht, was ich als humoristisch gelungen betrachte. Hierfür ein Beispiel nach meinem Geschmack, das der Realität entnommen ist:

Aus dem offiziellen Spielbericht vom 1. Spieltag der Fußball-Bundesligasaison 1994/95: »Hamburger SV gegen FC Bayern München: Gelbe Karte in der 42. Minute für Ziege wegen Meckerns.«

Oder :
Wie viele Astronomen braucht man, um eine Glühbirne zu wechseln? – »Einen. Aber willst du nicht lieber eine Supernova?«
Oder:
Ein Mann überlegt, wie er ein paar Tage Sonderurlaub be-

kommen kann. Am besten scheint es ihm, verrücktzuspielen, damit sein Chef ihn zur Erholung nach Hause schickt. Er hängt sich also im Büro an die Zimmerdecke. Da fragt ihn seine Kollegin, warum er das denn tut, und er erklärt es ihr. Wenige Minuten später kommt der Chef, sieht seinen Angestellten an der Decke hängen. »Warum hängen Sie an der Decke?«

»Ich bin eine Glühbirne!«

»Sie müssen verrückt sein, gehen Sie mal für den Rest der Woche nach Hause und ruhen Sie sich aus. Montag sehen wir dann weiter.«

Der Mann geht, die Kollegin auch. Auf die Frage des Chefs, warum sie auch gehe, sagt sie: »Im Dunkeln kann ich nicht arbeiten.«

Passender, da vielfältiger, erscheint mir die sogenannte Unvereinbarkeitstheorie des Humors. Sie lässt sich bis zum schottischen Schriftsteller James Beatty zurückverfolgen, der 1776 sinngemäß sagte, dass Humor durch das gemeinsame Auftreten zweier inkongruenter oder unvereinbarer Umstände in einem gemeinsamen Kontext entstehe.

Auch moderne Anthropologen wie Elliott Oring von der California State University in Los Angeles teilen diese Sichtweise, nach der das Begreifen von Humor das Begreifen einer gravierenden Unvereinbarkeit voraussetzt. Dass Humor somit aus zwei Elementen in einem Kontext besteht, in dem sie nicht zusammenpassen.

Das hört sich zunächst recht einfach an. Doch nach vielen Jahrzehnten der Humorforschung und einigen Jahrzehnten humoristischer KI-Bemühungen ist immer noch deutlich spürbar, dass Humor, wie Menschen ihn erzeugen, offenbar eine sehr subtile Sache ist. Dabei sollte nicht unerwähnt bleiben, dass auch die Humorerzeugnisse vieler Menschen für viele andere Menschen durchaus nicht immer humorvoll

sind. Nicht nur ist die Mehrheit von maschinell erzeugtem Humor für viele Menschen nicht humorvoll. Auch viel von Menschen erzeugter Humor ist für viele andere Menschen nicht humorvoll. So wie Schönheit im Auge des Betrachters liegt, liegt Humor im Geiste des Konsumenten.
Das macht die Erzeugung einer Humor-Software besonders anspruchsvoll, da es die optimale personenunabhängige Lösung wie beim Travelling Salesman Problem gar nicht gibt.
An der Harvard University verfolgte eine Forschergruppe unter Leitung von Michael Yeomans kürzlich einen anderen Ansatz. In einer Studie untersuchte das Team, ob Menschen oder Maschinen besser vorhersagen können, ob andere Menschen einen Witz lustig finden.
Die Fragestellung der Studie lautete: Ist es möglich, die KI zumindest so weit zu trainieren, dass sie an das menschliche humoristische Urteilsvermögen heranreicht?
75 Personenpaaren, von denen sich bei den meisten Paaren die Menschen schon einige Jahre kannten, wurden Witze vorgelegt. Jeweils eine Person eines Paares sollte auf einer Skala von extrem lustig bis gar nicht lustig vorhersagen, wie hoch die andere Person den Humorgehalt des Witzes wohl einschätzen würde.
Auch die KI versuchte, den Humorgehalt eines Witzes auf derselben Skala vorherzusagen. Die KI war natürlich zuvor trainiert worden, aber nicht mit der allgemeinen sprachlichen Struktur von Witzen. Vielmehr wertete die KI in einem Probelauf die Einschätzungen der Testpersonen in Bezug auf eine Auswahl von Witzen aus, um daraus Muster für deren Humorvorlieben abzuleiten.
Hierzu einige Beispiele:

> Ein alter Römer geht in die Bar, streckt zwei Finger aus und sagt: »Fünf Bier bitte!«

Sportlehrer: »Wir machen heute Dehnübungen.« Schüler: »Es heißt DIE Übungen!«

Zwei Jäger sind im Wald unterwegs. Plötzlich bricht einer zusammen. Der andere wählt sofort den Notruf: »Ich glaube, mein Freund ist tot. Was soll ich tun?« Darauf der Notarzt: »Ganz ruhig! Stellen Sie zuerst sicher, dass er wirklich tot ist.« Für einige Momente Stille. Dann ein lauter Schuss. Wieder der Jäger: »Okay, was jetzt?«

Nach der vorausgehenden Trainingssitzung waren die Ergebnisse der KI bei den Vorhersagen des Humorgehalts geringfügig besser als innerhalb der Partner-Duos. Die Maschine lag in 61 Prozent der Fälle richtig, während die Menschen bei der partnerschaftlichen Einschätzung nur zu 57 Prozent richtiglagen.

Spezialisierten Algorithmen ist es also möglich, Muster im menschlichen Humor zu entdecken.

Eine weitere Studie neueren Datums ist noch besser geeignet, die humoristischen Fähigkeiten und Grenzen der künstlichen Akteure aufzuzeigen. Sie wurde von Jack Hessel vom Allen Institute for AI geleitet. Die Datengrundlage bildete ein Fundus von rund 700 Cartoons, die mit Einzeilern unterlegt waren.

In einem Exemplar war zum Beispiel ein Sitzungszimmer abgebildet, in dem Menschen mit Tierköpfen um einen Tisch herumsaßen. Der Einzeiler unter dem Cartoon war der Satz eines Teilnehmers: »Der Öffentlichkeit gegenüber behaupten wir natürlich weiterhin, dass es gar keine Nebenwirkungen gibt.«

Die meisten Menschen verstehen die Pointe sofort. Auch haben sie keine größeren Probleme damit, zu vermuten, dass es sich bei den Sitzungsteilnehmern wohl um Führungskräfte eines Pharmaunternehmens handelt und die Zeichnung die klischeehaften Vorstellungen von dieser Branche – wie Öffentlichkeitstäuschung und Geldgier – aufs Korn nehmen will.

In dieser Studie traten moderne KI-Systeme wie die neuesten Versionen von ChatGPT in einem Wettbewerb gegen menschliche Probanden an. Die 700 Cartoons wurden mit je fünf Einzeilern als Begleittext versehen, von denen nur einer passend zum Bild lustig war, die anderen aber immerhin auch zum Kontext passten.

KI-Systemen, die Bilder erkennen können, wurden die Cartoons direkt vorgelegt. Die ChatGPT-Modelle erhielten kurze Beschreibungen der Inhalte der Cartoons. Künstliche und menschliche Probanden sollten dann den unter Humorgesichtspunkten am besten zum Bild passenden Text auswählen und schriftlich erklären, worin die Pointe bestand.

Die bildgestützten KI-Systeme hatten eine Erfolgsquote von 62 Prozent, die höchstentwickelten GPT-Modelle erreichten eine Trefferquote von 85 Prozent bei der Zuordnung und die menschlichen Testpersonen sogar von 94 Prozent.

Die von Menschen und Maschinen als Erklärung der Situation verfassten Texte wurden menschlichen Gutachtern vorgelegt, die die Herkunft der Texte nicht kannten. Die Gutachter sollten vergleichende Bewertungen vorlegen. In 70 Prozent der Fälle wurden die menschlichen Erklärungen inhaltlich als die gelungensten bewertet.

Diese Studien zeigen immer noch die Überlegenheit des Menschen in Sachen Humor und Humorerzeugung in den gewählten Settings. Sie zeigen aber auch, dass Algorithmen zumindest bei der Beurteilung von Humor mithalten können.

Was sagt uns das alles?

Künstliche Intelligenz (KI) scheint mittlerweile vergleichsweise einfach. Künstlicher Witz (KW) ist dagegen immer noch eine Herausforderung.

KI ist heute, KW ist der Schritt in die Zukunft.

Dank

Ich danke dem Droemer Verlag für die Aufnahme des Buches in das Verlagsprogramm. Ferner danke ich allen Menschen, die mich bei der Fertigstellung dieses Projekts unterstützt haben. Mein besonderer Dank gilt
Maria Kimmel und Martin Kulik für die hervorragende redaktionelle Betreuung und gute Zusammenarbeit;
Markus Röleke für die gewissenhafte Bildredaktion und
Lucas Meinhardt für die gelungene Gestaltung des Textes;
Jürgen Bolz für das vorbildliche und von großer Sachkenntnis geprägte Lektorat des Manuskripts.
Mein größter Dank gilt meiner Familie, Andrea Römmele, Hanna Hesse, Lennard Hesse, für den Sinn und Zweck von allem.

Weiterführende Literatur

Alsina, Claudi; Nelson, Roger B.: Bezaubernde Beweise. Eine Reise durch die Eleganz der Mathematik; Heidelberg: Springer Spektrum 2013

Bell, Eric T.: Men of Mathematics; New York: Simon & Schuster/Touchstone 1986

Brezina, Corona: Al-Khwarizmi. The Inventor of Algebra; Buffalo/New York: Rosen 2005

Debakcsy, Dale: A History of Women in Mathematics. Exploring the Trailblazers of STEM; Barnsley/UK: Pen and Sword History 2023

Deneubourg, Jean-Louis; Aron, Serge; Goss, S.; Pasteels, J.: The self-organizing exploratory pattern of the Argentine Ant; Journal of Insect Behavior, 3/1990:159–168

Hesse, Christian: Der Mathematik-Kalender 2021. Nachts teile ich heimlich durch Null; Dortmund: Harenberg 2020

Hesse, Christian: Ein Leben gegen alle Erwartungen. Ada Lovelace: Wie eine Frau die Informatik erfand; Focus Online 10.12.2015; https://www.focus.de/wissen/experts/hesse/leben-wider-aller-erwartungen-ada-lovelace-wie-eine-frau-die-informatik-erfand_id_5144439.html

Kaku, Michio: Wettlauf um die Zukunft. Wie der Quantencomputer die Probleme der Menschheit lösen wird; Hamburg: Rowohlt 2023

Krämer, Sybille (Hg.): Ada Lovelace. Die Pionierin der Computertechnik und ihre Nachfolgerinnen; Paderborn: Wilhelm Fink 2015

Kraus Patrick: Künstliche Intelligenz und Hirnforschung. Neuronale Netze, Deep Learning und die Zukunft der Kognition; Heidelberg: Springer 2023

Marre, Jens: Quantencomputer-info; https://www.quantencomputer-info.de/

Norman, Alan T.: Maschinelles Lernen in Aktion. Einsteigerbuch für Laien. Schritt-für-Schritt Anleitung für Anfänger; o. O.: Tektime 2020

Oettler, Jan; Schmid, Volker S.; Zank, Nico; Rey, Oliver; Dress, Andreas; Heinze, Jürgen: Fermat's principle of least time predicts refraction of ant trails at substrate borders. Public Library of Science ONE, 2013;883:e59739

Otte, Ralf: Künstliche Intelligenz für Dummies; Weinheim: Wiley-VCH 2023

Vickler, Andy: Algorithmen; Albuquerque: Ladoo Publishing 2023

Wells, David: The Penguin Dictionary of Curious and Interesting Numbers; London: Penguin 1997

Sachregister

Personenregister

Bildnachweis

Alle Abbildungen von Christian Hesse außer:

Abb. 1: Ashleigh Brilliant, Christian Hesse

Abb. 2: Christian Hesse nach Barnabas Hughes (2011): Quadratics Usung Addition.Convergence; https://maa.org/press/periodicals/convergence/completing-the-square-quadratics-using-addition

Abb. 3, 4, 26, 27: Vlad Sasu nach Christian Hesse

Abb. 5: Christian Hesse nach https://dev.to/rishalhurbans/ant-colony-optimization-for-beginners-47hn

Abb. 6, 7, 28, 36–38: Lucas Meinhardt nach Christian Hesse

Abb. 8, 9: grayjay / Shutterstock.com

Abb. 10, 33: Alex Balko nach Christian Hesse

Abb. 14: Christian Hesse nach https://www.enjoyalgorithms.com/blog/quick-sort-algorithm

Abb. 15: cristi180884 / Shutterstock.com

Abb. 18, 22–25: Christian Hesse nach https://www.quantencomputer-info.de/quantencomputer/grover-algorithmus/

Abb. 17, 19–21: Lucas Meinhardt nach Maderla / Shutterstock.com

Abb. 29: Christian Hesse nach https://michaelkipp.de/deeplearning/Perzeptron.html

Abb. 34: Wikimedia / LEMeZza

Abb. 35: elfinadesign / Shutterstock.com

Abb. 42–45: Christian Hesse nach https://towardsdatascience.com/solving-the-travelling-salesman-problem-for-germany-using-networkx-in-python-2b181efd7b07

Abb. 46: https://www.mayhematics.com/t/1a.htm

Abb. 47: Christian Hesse nach Mani & alAdli